찐! 합격

ON

당신도 이번에 반드시 합격합니다!

소방설비기사

1 개년 과년도

기계 **1-1**

필기

2023년 과년도 출제문제

우석대학교 소방방재학과 교수 **공하성**

BM (주)도서출판 **성안당**

자문위원

김귀주 강동대학교	배익수 부산경상대학교	정기성 원광대학교
김만규 부산경상대학교	송용선 목원대학교	최영상 대구보건대학교
김현우 경민대학교	이장원 서정대학교	한석우 국제대학교
류창수 대구보건대학교	이종화 호남대학교	황상균 경북전문대학교

※가나다 순

더 좋은 책을 만들기 위한 노력이 지금도 계속되고 있습니다. 이 책에 대하여 자문위원으로 활동해 주실 훌륭한 교수님을 모십니다.

■ 도서 A/S 안내

성안당에서 발행하는 모든 도서는 저자와 출판사, 그리고 독자가 함께 만들어 나갑니다.

좋은 책을 펴내기 위해 많은 노력을 기울이고 있습니다. 혹시라도 내용상의 오류나 오탈자 등이 발견되면 **"좋은 책은 나라의 보배"**로서 우리 모두가 함께 만들어 간다는 마음으로 연락주시기 바랍니다. 수정 보완하여 더 나은 책이 되도록 최선을 다하겠습니다.

성안당은 늘 독자 여러분들의 소중한 의견을 기다리고 있습니다. 좋은 의견을 보내주시는 분께는 성안당 쇼핑몰의 포인트(3,000포인트)를 적립해 드립니다.

잘못 만들어진 책이나 부록 등이 파손된 경우에는 교환해 드립니다.

저자 문의 : Ch http://pf.kakao.com/_TZKbxj
　　　　　 Daum cafe.daum.net/firepass
　　　　　 NAVER cafe.naver.com/fireleader

본서 기획자 e-mail : coh@cyber.co.kr(최옥현)

홈페이지 : http://www.cyber.co.kr　　전화 : 031) 950-6300

God loves you, and has a wonderful plan for you.

안녕하십니까?

우석대학교 소방방재학과 교수 공하성입니다.

지난 29간간 보내주신 독자 여러분의 아낌없는 찬사에 진심으로 감사드립니다.

앞으로도 변함없는 성원을 부탁드리며, 여러분들의 성원에 힘입어 항상 더 좋은 책으로 거듭나겠습니다.

본 책의 특징은 학원 강의를 듣듯 정말 자세하게 설명해 놓았다는 것입니다.

시험의 기출문제를 분석해 보면 문제은행식으로 과년도 문제가 매년 거듭 출제되고 있음을 알 수 있습니다. 그러므로 과년도 문제만 충실히 풀어보아도 쉽게 합격할 수 있을 것입니다.

그런데, 2004년 5월 29일부터 소방관련 법령이 전면 개정됨으로써 "소방관계법규"는 2005년부터 신법에 맞게 새로운 문제들이 출제되고 있습니다.

본 서는 여기에 중점을 두어 국내 최다의 과년도 문제와 신법에 맞는 출제 가능한 문제들을 최대한 많이 수록하였습니다.

또한, 각 문제마다 아래와 같이 중요도를 표시하였습니다.

별표없는것	출제빈도 10%	☆	출제빈도 30%
☆☆	출제빈도 70%	☆☆☆	출제빈도 90%

그리고 해답의 근거를 다음과 같이 약자로 표기하여 신뢰성을 높였습니다.

- 기본법 : 소방기본법
- 기본령 : 소방기본법 시행령
- 기본규칙 : 소방기본법 시행규칙
- 소방시설법 : 소방시설 설치 및 관리에 관한 법률
- 소방시설법 시행령 : 소방시설 설치 및 관리에 관한 법률 시행령
- 소방시설법 시행규칙 : 소방시설 설치 및 관리에 관한 법률 시행규칙
- 화재예방법 : 화재의 예방 및 안전관리에 관한 법률
- 화재예방법 시행령 : 화재의 예방 및 안전관리에 관한 법률 시행령
- 화재예방법 시행규칙 : 화재의 예방 및 안전관리에 관한 법률 시행규칙
- 공사업법 : 소방시설공사업법
- 공사업령 : 소방시설공사업법 시행령
- 공사업규칙 : 소방시설공사업법 시행규칙
- 위험물법 : 위험물안전관리법
- 위험물령 : 위험물안전관리법 시행령
- 위험물규칙 : 위험물안전관리법 시행규칙
- 건축령 : 건축법 시행령
- 위험물기준 : 위험물안전관리에 관한 세부기준
- 피난 · 방화구조 : 건축물의 피난 · 방화구조 등의 기준에 관한 규칙

본 책에는 잘못된 부분이 있을 수 있으며, 잘못된 부분에 대해서는 발견 즉시 카페(cafe.daum.net /firepass, cafe.naver.com/fireleader)에 올리도록 하고, 새로운 책이 나올 때마다 늘 수정 · 보완하도록 하겠습니다.

이 책의 집필에 도움을 준 이종화 · 안재천 교수님, 임수란님에게 고마움을 표합니다.

끝으로 이 책에 대한 모든 영광을 그 분께 돌려 드립니다.

공하성 올림

소방설비기사 필기(기계분야) 출제경향분석

제1과목 소방원론

1. 화재의 성격과 원인 및 피해	9.1% (2문제)
2. 연소의 이론	16.8% (4문제)
3. 건축물의 화재성상	10.8% (2문제)
4. 불 및 연기의 이동과 특성	8.4% (1문제)
5. 물질의 화재위험	12.8% (3문제)
6. 건축물의 내화성상	11.4% (2문제)
7. 건축물의 방화 및 안전계획	5.1% (1문제)
8. 방화안전관리	6.4% (1문제)
9. 소화이론	6.4% (1문제)
10. 소화약제	12.8% (3문제)

제2과목 소방유체역학

1. 유체의 일반적 성질	26.2% (5문제)
2. 유체의 운동과 법칙	17.3% (4문제)
3. 유체의 운동과 계측	20.1% (4문제)
4. 유체정역학 및 열역학	20.1% (4문제)
5. 유체의 마찰 및 펌프의 현상	16.3% (3문제)

제3과목 소방관계법규

1. 소방기본법령	20% (4문제)
2. 소방시설 설치 및 관리에 관한 법령	14% (3문제)
3. 화재의 예방 및 안전관리에 관한 법령	21% (4문제)
4. 소방시설공사업법령	30% (6문제)
5. 위험물안전관리법령	15% (3문제)

제4과목 소방기계시설의 구조 및 원리

1. 소화기구	2.2% (1문제)
2. 옥내소화전설비	11.0% (2문제)
3. 옥외소화전설비	6.3% (1문제)
4. 스프링클러설비	15.9% (3문제)
5. 물분무소화설비	5.6% (1문제)
6. 포소화설비	9.7% (2문제)
7. 이산화탄소 소화설비	5.3% (1문제)
8. 할론·할로겐화합물 및 불활성기체 소화설비	5.9% (1문제)
9. 분말소화설비	7.8% (2문제)
10. 피난구조설비	8.4% (2문제)
11. 제연설비	7.2% (1문제)
12. 연결살수설비	5.3% (1문제)
13. 연결송수관설비	6.6% (1문제)
14. 소화용수설비	2.8% (1문제)

차 례

과년도 기출문제

첫째 저자의 지명도를 보고 선택할 것

(저자가 책의 모든 내용을 집필하기 때문)

둘째 문제에 대한 100% 상세한 해설이 있는지 확인할 것

(해설이 없을 경우 문제 이해에 어려움이 있음)

단위환산표 +++++++++++ +++++++++++

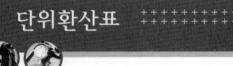

단위환산표(기계분야)

명 칭	기 호	크 기	명 칭	기 호	크 기
테라(tera)	T	10^{12}	피코(pico)	p	10^{-12}
기가(giga)	G	10^{9}	나노(nano)	n	10^{-9}
메가(mega)	M	10^{6}	마이크로(micro)	μ	10^{-6}
킬로(kilo)	k	10^{3}	밀리(milli)	m	10^{-3}
헥토(hecto)	h	10^{2}	센티(centi)	c	10^{-2}
데카(deka)	D	10^{1}	데시(deci)	d	10^{-1}

〈보기〉
- $1km=10^{3}m$
- $1mm=10^{-3}m$
- $1pF=10^{-12}F$
- $1\mu m=10^{-6}m$

이 책의 특징

〈과년도 출제문제〉

각 문제마다 중요도를 표시하여 ★
이 많은 것은 특별히 주의깊게 볼
수 있도록 하였음!

★★★
08 자기연소를 일으키는 가연물질로만 짝지어진 것은?
① 니트로셀룰로오즈, 유황, 등유
② 질산에스테르, 셀룰로이드, 니트로화합물
③ 셀룰로이드, 발연황산, 목탄
④ 질산에스테르, 황린, 염소산칼륨

각 문제마다 100% 상세한 해설을
하고 꼭 알아야 될 사항은 고딕체
로 구분하여 표시하였음.

해설 위험물 **제4류 제2석유류**(등유, 경유)의 특성
(1) 성질은 **인화성 액체**이다.
(2) 상온에서 안정하고, 약간의 자극으로는 쉽게 폭발하지 않는다.
(3) 용해하지 않고, **물보다 가볍다**.
(4) 소화방법은 **포말소화**가 좋다.　　　　　**답** ①

용어에 대한 설명을 첨부하여 문
제를 쉽게 이해하여 답안작성이
용이하도록 하였음.

소방력 : 소방기관이 소방업무를 수행하는 데 필요
한 인력과 장비

소방설비기사 필기(기계분야)의 가장 효율적인 공부방법을 소개합니다. 이 책으로 이대로만 공부하면 반드시 한 번에 합격할 수 있습니다.

첫째, 본 책의 출제문제 수를 파악하고, 시험 때까지 3번 정도 반복하여 공부할 수 있도록 1일 공부 분량을 정한다.

둘째, 해설란에 특히 관심을 가지며 부담없이 한 번 정도 읽은 후, 처음부터 차근차근 문제를 풀어 나간다.
(해설을 보며 암기할 사항이 있으면 그것을 다시 한번 보고 여백에 기록한다.)

셋째, 시험 전날에는 책 전체를 한 번 쭉 훑어보며 문제와 답만 체크(check)하며 보도록 한다.
(가능한 한 시험 전날에는 책 전체 내용을 밤을 세우더라도 꼭 점검하기 바란다. 시험 전날 본 문제가 의외로 많이 출제된다.)

넷째, 시험장에 갈 때에도 책은 반드시 지참한다.
(가능한 한 대중교통을 이용하여 시험장으로 향하는 동안에도 책을 계속 본다.)

다섯째, 시험장에 도착해서는 책을 다시 한번 훑어본다.
(마지막 5분까지 최선을 다하면 반드시 한 번에 합격할 수 있다.)

소방설비기사 필기(기계분야) 시험내용

1. 필기시험

구 분	내 용
시험 과목	1. 소방원론 2. 소방유체역학 3. 소방관계법규 4. 소방기계시설의 구조 및 원리
출제 문제	과목당 20문제(전체 80문제)
합격 기준	과목당 40점 이상 평균 60점 이상
시험 시간	2시간
문제 유형	객관식(4지선택형)

2. 실기시험

구 분	내 용
시험 과목	소방기계시설 설계 및 시공실무
출제 문제	9~18 문제
합격 기준	60점 이상
시험 시간	3시간
문제 유형	필답형

단위읽기표(기계분야)

여러분들이 고민하는 것 중 하나가 단위를 어떻게 읽느냐 하는 것일 듯 합니다. 그 방법을 속시원하게 공개해 드립니다.

(알파벳 순)

단 위	단위 읽는 법	단위의 의미(물리량)
Aq	아쿠아(**Aq**ua)	물의 높이
atm	에이 티 엠(**atm** osphere)	기압, 압력
bar	바(**bar**)	압력
barrel	배럴(**barrel**)	부피
BTU	비티유(**B**ritish **T**hermal **U**nit)	열량
cal	칼로리(**cal**orie)	열량
cal/g	칼로리 퍼 그램(**cal**orie per **g**ram)	융해열, 기화열
cal/g·℃	칼로리 퍼 그램 도 씨(**cal**orie per **g**ram degree **C**elsius)	비열
dyn, dyne	다인(**dyne**)	힘
g/cm^3	그램 퍼 세제곱 센티미터(**g**ram per **C**enti**m**eter cubic)	비중량
gal, gallon	갈론(**gallon**)	부피
H$_2$O	에이치 투 오(water)	물의 높이
Hg	에이치 지(mercury)	수은주의 높이
HP	마력(**H**orse **P**ower)	일률
J/s, J/sec	줄 퍼 세컨드(**J**oule per **se**cond)	일률
K	케이(**K**elvin temperature)	켈빈온도
kg/m^2	킬로그램 퍼 제곱 미터(**k**ilo**g**ram per **m**eter square)	화재하중
kg$_f$	킬로그램 포스(**k**ilogram **f**orce)	중량
kg$_f$/cm^2	킬로그램 포스 퍼 제곱 센티미터 (**k**ilo**g**ram **f**orce per **C**enti**m**eter square)	압력
l	리터(**l**eter)	부피
lb	파운드(pound)	중량
lb$_f$/in^2	파운드 포스 퍼 제곱 인치 (pound **f**orce per **i**nch square)	압력

단위읽기표

단 위	단위 읽는 법	단위의 의미(물리량)
m/min	미터 퍼 미니트(meter per minute)	속도
m/sec^2	미터 퍼 제곱 세컨드(meter per second square)	가속도
m^3	세제곱 미터(meter cubic)	부피
m^3/min	세제곱 미터 퍼 미니트(meter cubic per minute)	유량
m^3/sec	세제곱 미터 퍼 세컨드(meter cubic per second)	유량
mol, mole	몰(mole)	물질의 양
m^{-1}	매미터(per meter)	감광계수
N	뉴턴(Newton)	힘
N/m^2	뉴턴 퍼 제곱 미터(Newton per meter square)	압력
P	푸아즈(Poise)	점도
Pa	파스칼(Pascal)	압력
PS	미터 마력(PferdeStärke)	일률
PSI	피 에스 아이(Pound per Square Inch)	압력
s, sec	세컨드(second)	시간
stokes	스토크스(stokes)	점도
vol%	볼륨 퍼센트(volume percent)	농도
W	와트(Watt)	동력
W/m^2	와트 퍼 제곱 미터(Watt per meter square)	대류열
W/m$^2 \cdot$ K^4	와트 퍼 제곱 미터 케이 네제곱 (Watt per meter square Kelvin)	스테판-볼츠만 상수
W/m$^2 \cdot$ ℃	와트 퍼 제곱 미터 도 씨 (Watt per meter square degree Celsius)	열전달률
W/m $\cdot$ K	와트 퍼 미터 케이(Watt per meter Kelvin)	열전도율
W/sec	와트 퍼 세컨드(Watt per Second)	전도열
℃	도 씨(degree Celsius)	섭씨온도
℉	도 에프(degree Fahrenheit)	화씨온도
°R	도 알(Rankine temperature)	랭킨온도

중력단위(공학단위)와 SI단위

중력단위	SI단위	비고
1kg_f	$9.8\text{N}=9.8\text{kg}\cdot\text{m/s}^2$	힘
$1\text{kg}_f/\text{m}^2$	$9.8\text{kg/m}\cdot\text{s}^2$	–
–	$1\text{kg/m}\cdot\text{s}=1\text{N}\cdot\text{s/m}^2$	점성계수
–	$1\text{m}^3/\text{kg}=1\text{m}^4/\text{N}\cdot\text{s}^2$	비체적
–	$1000\text{kg/m}^3=1000\text{N}\cdot\text{s}^2/\text{m}^4$ (물의 밀도)	밀도
$1000\text{kg}_f/\text{m}^3$ (물의 비중량)	9800N/m^3 (물의 비중량)	비중량
$$PV=mRT$$ 여기서, P : 압력$[\text{kg}_f/\text{m}^2]$ V : 부피$[\text{m}^3]$ m : 질량$[\text{kg}]$ R : $\dfrac{848}{M}[\text{kg}_f\cdot\text{m/kg}\cdot\text{K}]$ T : 절대온도$(273+℃)[\text{K}]$	$$PV=mRT$$ 여기서, P : 압력$[\text{N/m}^2]$ V : 부피$[\text{m}^3]$ m : 질량$[\text{kg}]$ R : $\dfrac{8314}{M}[\text{N}\cdot\text{m/kg}\cdot\text{K}]$ T : 절대온도$(273+℃)[\text{K}]$	이상기체 상태방정식
$$P=\dfrac{\gamma QH}{102\eta}K$$ 여기서, P : 전동력$[\text{kW}]$ γ : 비중량(물의 비중량 $1000\text{kg}_f/\text{m}^3$) Q : 유량$[\text{m}^3/\text{s}]$ H : 전양정$[\text{m}]$ K : 전달계수 η : 효율	$$P=\dfrac{\gamma QH}{1000\eta}K$$ 여기서, P : 전동력$[\text{kW}]$ γ : 비중량(물의 비중량 9800N/m^3) Q : 유량$[\text{m}^3/\text{s}]$ H : 전양정$[\text{m}]$ K : 전달계수 η : 효율	전동력
$$P=\dfrac{\gamma QH}{102\eta}$$ 여기서, P : 축동력$[\text{kW}]$ γ : 비중량(물의 비중량 $1000\text{kg}_f/\text{m}^3$) Q : 유량$[\text{m}^3/\text{s}]$ H : 전양정$[\text{m}]$ η : 효율	$$P=\dfrac{\gamma QH}{1000\eta}$$ 여기서, P : 전동력$[\text{kW}]$ γ : 비중량(물의 비중량 9800N/m^3) Q : 유량$[\text{m}^3/\text{s}]$ H : 전양정$[\text{m}]$ η : 효율	축동력
$$P=\dfrac{\gamma QH}{102}$$ 여기서, P : 수동력$[\text{kW}]$ γ : 비중량(물의 비중량 $1000\text{kg}_f/\text{m}^3$) Q : 유량$[\text{m}^3/\text{s}]$ H : 전양정$[\text{m}]$	$$P=\dfrac{\gamma QH}{1000}$$ 여기서, P : 수동력$[\text{kW}]$ γ : 비중량(물의 비중량 9800N/m^3) Q : 유량$[\text{m}^3/\text{s}]$ H : 전양정$[\text{m}]$	수동력

시험안내 연락처

기관명	주 소		DDD	검정안내 전화번호		
				기술자격	전문자격	자격증발급
서울지역본부	02512	서울특별시 동대문구 장안벚꽃로 279	02	2137-0502~5 2137-0521~4 2137-0512	2137-0552~9	2137-0509 2137-0516
서울서부지사	03302	서울시 은평구 진관3로 36	02	(정기) 2024-1702 2024-1704~12 (상시) 2024-1718 2024-1723, 1725	2024-1721	2024-1728
서울남부지사	07225	서울특별시 영등포구 버드나루로 110	02	6907-7152~6, 6907-7133~9		6907-7135
강원지사	24408	강원도 춘천시 동내면 원창고개길 135	033	248-8511~2		248-8516
강원동부지사	25440	강원도 강릉시 사천면 방동길 60	033	650-5700		650-5700
부산지역본부	46519	부산광역시 북구 금곡대로 441번길 26	051	330-1910		330-1910
부산남부지사	48518	부산광역시 남구 신선로 454-18	051	620-1910		620-1910
울산지사	44538	울산광역시 중구 종가로 347	052	220-3211~8, 220-3281~2		220-3223
경남지사	51519	경남 창원시 성산구 두대로 239	055	212-7200		212-7200
대구지역본부	42704	대구광역시 달서구 성서공단로 213	053	(정기) 580-2357~61 (상시) 580-2371, 3, 7	580-2372, 2380, 2382~5	580-2362
경북지사	36616	경북 안동시 서후면 학가산온천길 42	054	840-3032~3, 3035~9		840-3033
경북동부지사	37580	경북 포항시 북구 법원로 140번길 9	054	230-3251~9, 230-3261~2, 230-3291		230-3259
경북서부지사	39371	경북 구미시 산호대로 253(구미첨단의료기술 타워 2층)	054	713-3022~3027		713-3025
인천지역본부	21634	인천시 남동구 남동서로 209	032	820-8600		820-8600
경기지사	16626	경기도 수원시 권선구 호매실로 46-68	031	249-1212~9, 1221, 1226, 1273	249-1222~3, 1260, 1, 2, 5, 8	249-1228
경기북부지사	11780	경기도 의정부시 추동로 140	031	850-9100		850-9127
경기동부지사	13313	경기도 성남시 수정구 성남대로 1217	031	750-6215~7, 6221~5, 6227~9		750-6226
경기남부지사	17561	경기도 안성시 공도읍 공도로 51-23 더스페이스 2~3층	031	615-9001~7		615-9001
광주지역본부	61008	광주광역시 북구 첨단벤처로 82	062	970-1761~7, 1769, 1799 (상시) 1776~9	970-1771~5, 1794~5	970-1769
전북지사	54852	전북 전주시 덕진구 유상로 69	063	(정기) 210-9221~9229 (상시) 210-9281~9286	210-9281~6	210-9223
전남지사	57948	전남 순천시 순광로 35-2	061	720-8530~5, 8539, 720-8560~5		720-8533
전남서부지사	58604	전남 목포시 영산로 820	061	288-3323		288-3325
제주지사	63220	제주 제주시 복지로 19	064	729-0701~2		729-0701~2
대전지역본부	35000	대전시 중구 서문로 25번길 1	042	580-9131~9 (상시) 9142~4	580-9152~5	580-9147
충북지사	28456	충북 청주시 흥덕구 1순환로 394번길 81	043	279-9041~7		279-9044
충남지사	31081	충남 천안시 서북구 천일고1길 27	041	620-7632~8 (상시) 7690~2	620-7644	620-7639
세종지사	30128	세종특별자치시 한누리대로 296 밀레니엄 빌딩 5층	044	410-8021~3		440-8023

※ 청사이전 및 조직변동 시 주소와 전화번호가 변경, 추가될 수 있음

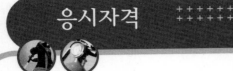 
기사 : 다음 각 호의 어느 하나에 해당하는 사람

1. **산업기사** 등급 이상의 자격을 취득한 후 응시하려는 종목이 속하는 동일 및 유사 직무분야에서 **1년 이상** 실무에 종사한 사람
2. **기능사** 자격을 취득한 후 응시하려는 종목이 속하는 동일 및 유사 직무분야에서 **3년 이상** 실무에 종사한 사람
3. 응시하려는 종목이 속하는 동일 및 유사 직무분야의 다른 종목의 기사 등급 이상의 자격을 취득한 사람
4. 관련학과의 대학졸업자 등 또는 그 졸업예정자
5. **3년제 전문대학** 관련학과 졸업자 등으로서 졸업 후 응시하려는 종목이 속하는 동일 및 유사 직무분야에서 **1년 이상** 실무에 종사한 사람
6. **2년제 전문대학** 관련학과 졸업자 등으로서 졸업 후 응시하려는 종목이 속하는 동일 및 유사 직무분야에서 **2년 이상** 실무에 종사한 사람
7. 동일 및 유사 직무분야의 **기사** 수준 기술훈련과정 이수자 또는 그 이수예정자
8. 동일 및 유사 직무분야의 **산업기사** 수준 기술훈련과정 이수자로서 이수 후 응시하려는 종목이 속하는 동일 및 유사 직무분야에서 **2년 이상** 실무에 종사한 사람
9. 응시하려는 종목이 속하는 동일 및 유사 직무분야에서 **4년 이상** 실무에 종사한 사람
10. 외국에서 동일한 종목에 해당하는 자격을 취득한 사람

산업기사 : 다음 각 호의 어느 하나에 해당하는 사람

1. **기능사** 등급 이상의 자격을 취득한 후 응시하려는 종목이 속하는 동일 및 유사 직무분야에 **1년 이상** 실무에 종사한 사람
2. 응시하려는 종목이 속하는 동일 및 유사 직무분야의 다른 종목의 산업기사 등급 이상의 자격을 취득한 사람
3. 관련학과의 **2년제** 또는 **3년제 전문대학**졸업자 등 또는 그 졸업예정자
4. 관련학과의 대학졸업자 등 또는 그 졸업예정자
5. 동일 및 유사 직무분야의 산업기사 수준 기술훈련과정 이수자 또는 그 이수예정자
6. 응시하려는 종목이 속하는 동일 및 유사 직무분야에서 **2년 이상** 실무에 종사한 사람
7. 고용노동부령으로 정하는 기능경기대회 입상자
8. 외국에서 동일한 종목에 해당하는 자격을 취득한 사람

※ 세부사항은 한국산업인력공단 **1644-8000**으로 문의바람

CBT 기출복원문제

2023년

소방설비기사 필기(기계분야)

** 수험자 유의사항 **

1. 문제지를 받는 즉시 **본인이 응시한 종목**이 맞는지 확인하시기 바랍니다.
2. 문제지 표지에 본인의 **수험번호**와 **성명**을 기재하여야 합니다.
3. 문제지의 **총면수, 문제번호 일련순서, 인쇄상태, 중복 및 누락 페이지 유무**를 확인하시기 바랍니다.
4. 답안은 각 문제마다 요구하는 가장 적합하거나 가까운 답 1개만을 선택하여야 합니다.
5. 답안카드는 뒷면의 「수험자 유의사항」에 따라 작성하시고, 답안카드 작성 시 형별누락, 마킹착오로 인한 불이익은 전적으로 수험자에게 책임이 있음을 알려드립니다.
6. 문제지는 시험 종료 후 본인이 가져갈 수 있습니다.

** 안내사항 **

• 가답안/최종정답은 큐넷(www.q-net.or.kr)에서 확인하실 수 있습니다. 가답안에 대한 의견은 큐넷의 [가답안 의견 제시]를 통해 제시할 수 있으며, 확정된 답안은 최종정답으로 갈음합니다.
• 공단에서 제공하는 자격검정서비스에 대해 개선할 점이 있으시면 고객참여(http://hrdkorea.or.kr/7/1/1)를 통해 건의하여 주시기 바랍니다.

∥2023년 기사 제1회 필기시험 CBT 기출복원문제∥

자격종목	종목코드	시험시간	형별	수험번호	성명
소방설비기사(기계분야)		**2시간**			

※ 각 문항은 4지택일형으로 질문에 가장 적합한 보기 항을 선택하여 체크하여야 합니다.

제1과목 소방원론

★★★ 01 다음 중 폭굉(detonation)의 화염전파속도는?

22.04.문20
16.05.문14
03.05.문10

① 0.1~10m/s
② 10~100m/s
③ 1000~3500m/s
④ 5000~10000m/s

해설 **연소반응**(전파형태에 따른 분류)

폭연(deflagration)	폭굉(detonation)
0.1~10m/s	1000~3500m/s 보기 ③
연소속도가 음속보다 느릴 때 발생	① 연소속도가 음속보다 빠를 때 발생 ② 온도의 상승은 **충격파**의 압력에 기인한다. ③ 압력상승은 **폭연**의 경우보다 **크다**. ④ 폭굉의 **유도거리**는 배관의 **지름**과 **관계**가 있다.

※ **음속** : 소리의 속도로서 약 **340m/s**이다.

답 ③

★★★ 02 다음 중 휘발유의 인화점은?

21.03.문14
18.04.문05
15.09.문02
14.05.문05
14.03.문10
12.03.문01
11.06.문09
11.03.문12
10.05.문11

① −18℃
② −43℃
③ 11℃
④ 70℃

해설
물질	인화점	착화점
● 프로필렌	−107℃	497℃
● 에틸에테르 ● 디에틸에테르	−45℃	180℃
● **가솔린(휘발유)**	−43℃ 보기 ②	300℃
● 이황화탄소	−30℃	**100℃**
● 아세틸렌	−18℃	335℃

● 아세톤	−18℃	**538℃**
● 벤젠	−11℃	562℃
● 톨루엔	4.4℃	480℃
● 에틸알코올	13℃	**423℃**
● 아세트산	40℃	−
● 등유	43~72℃	210℃
● 경유	50~70℃	200℃
● 적린	−	260℃

● 인화점＝인화온도
● 착화점＝발화점＝착화온도＝발화온도

답 ②

★★★ 03 다음 중 연기에 의한 감광계수가 0.1m⁻¹, 가시거리가 20~30m일 때의 상황으로 옳은 것은?

22.04.문15
21.09.문02
20.06.문01
17.03.문10
16.10.문16
16.03.문03
14.05.문06
13.09.문11

① 건물 내부에 익숙한 사람이 피난에 지장을 느낄 정도
② 연기감지기가 작동할 정도
③ 어두운 것을 느낄 정도
④ 앞이 거의 보이지 않을 정도

해설 **감광계수**와 **가시거리**

감광계수 [m⁻¹]	가시거리 [m]	상황
0.1	20~30	연기**감**지기가 작동할 때의 농도(연기감지기가 작동하기 직전의 농도) 보기 ②
0.3	**5**	건물 내부에 **익**숙한 사람이 피난에 지장을 느낄 정도의 농도 보기 ①
0.5	**3**	**어**두운 것을 느낄 정도의 농도 보기 ③
1	**1~2**	앞이 거의 **보**이지 않을 정도의 농도 보기 ④
10	**0.2~0.5**	화재 **최**성기 때의 농도
30	−	출화실에서 연기가 **분**출할 때의 농도

기억법	0123	감
	035	익
	053	어
	112	보
	100205	최
	30	분

답 ②

★★★ 04 분진폭발의 위험성이 가장 낮은 것은?

22.03.문12
18.03.문01
15.05.문03
13.03.문03
12.09.문17
11.10.문01
10.05.문16
03.05.문08
01.03.문20

① 알루미늄분
② 유황
③ 팽창질석
④ 소맥분

해설 ③ 팽창질석 : 소화약제

분진폭발의 **위험성**이 있는 것
(1) 알루미늄분 보기 ①
(2) 유황 보기 ②
(3) 소맥분(밀가루) 보기 ④
(4) 석탄분말

중요

분진폭발을 일으키지 않는 물질
(1) **시**멘트(시멘트가루)
(2) **석**회석
(3) **탄**산칼슘($CaCO_3$)
(4) **생**석회(CaO)=산화칼슘

기억법 분시석탄생

답 ③

★★★ 05 다음 중 가연물의 제거를 통한 소화방법과 무관한 것은?

22.04.문12
19.09.문05
19.04.문18
17.03.문16
16.10.문07
16.03.문12
14.05.문11
13.03.문01
11.03.문04
08.09.문17

① 산불의 확산방지를 위하여 산림의 일부를 벌채한다.
② 화학반응기의 화재시 원료공급관의 밸브를 잠근다.
③ 전기실 화재시 IG－541 약제를 방출한다.
④ 유류탱크 화재시 주변에 있는 유류탱크의 유류를 다른 곳으로 이동시킨다.

해설 ③ 질식소화 : IG－541(불활성기체 소화약제)

제거소화의 예
(1) **가연성 기체** 화재시 **주밸브**를 **차단**한다(화학반응기의 화재시 원료공급관의 **밸브**를 **잠금**). 보기 ②
(2) **가연성 액체** 화재시 펌프를 이용하여 **연료**를 제거한다.
(3) **연료탱크**를 **냉각**하여 가연성 가스의 발생속도를 작게하여 연소를 억제한다.

(4) 금속화재시 **불활성 물질**로 가연물을 덮는다.
(5) **목재**를 **방염처리**한다.
(6) 전기화재시 **전원**을 **차단**한다.
(7) 산불이 발생하면 화재의 진행방향을 앞질러 **벌목**한다(산불의 확산방지를 위하여 **산림의 일부를 벌채**). 보기 ①
(8) 가스화재시 **밸브**를 **잠궈** 가스흐름을 차단한다(가스화재시 중간밸브를 잠금).
(9) 불타고 있는 장작더미 속에서 아직 타지 않은 것을 안전한 곳으로 **운반**한다.
(10) 유류탱크 화재시 주변에 있는 유류탱크의 유류를 다른 곳으로 이동시킨다. 보기 ④
(11) 양초를 입으로 불어서 끈다.

용어

제거효과
가연물을 반응계에서 제거하든지 또는 반응계로의 공급을 정지시켜 소화하는 효과

답 ③

★★★ 06 분말소화약제로서 ABC급 화재에 적용성이 있는 소화약제의 종류는?

22.04.문18
21.05.문07
20.09.문07
19.03.문01
18.04.문06
17.09.문10
17.03.문18
16.10.문06
16.10.문10
16.05.문15

① $NH_4H_2PO_4$
② $NaHCO_3$
③ Na_2CO_3
④ $KHCO_3$

해설 **분말소화약제**

종별	분자식	착색	적응화재	비고
제**1**종	탄산수소나트륨 ($NaHCO_3$)	백색	BC급	**식용유** 및 **지방질유**의 화재에 적합 기억법 1**식분**(**일식 분식**)
제**2**종	탄산수소칼륨 ($KHCO_3$)	담자색 (담회색)	BC급	－
제**3**종	제1인산암모늄 ($NH_4H_2PO_4$) 보기 ①	담홍색	ABC급	**차고**·**주차장**에 적합 기억법 3**분 차주**(**삼보** 컴퓨터 **차주**)
제**4**종	**탄산수소칼륨 ＋요소** ($KHCO_3$ ＋ $(NH_2)_2CO$)	회(백)색	BC급	－

답 ①

★★★
07 액화가스 저장탱크의 누설로 부유 또는 확산된 액화가스가 착화원과 접촉하여 액화가스가 공기 중으로 확산, 폭발하는 현상은?

19.09.문15
18.09.문08
17.03.문17
16.05.문02
15.03.문01
14.09.문12
14.03.문01
09.05.문10
05.09.문07
05.05.문07
03.03.문11
02.03.문20

① 블래비(BLEVE)

② 보일오버(boill over)

③ 슬롭오버(slop over)

④ 프로스오버(forth over)

해설 **가스탱크 · 건축물 내**에서 발생하는 현상

(1) **가스탱크** 보기 ①

현 상	정 의
블래비 (BLEVE)	• 과열상태의 탱크에서 내부의 액화가스가 분출하여 기화되어 폭발하는 현상 • 탱크 주위 화재로 탱크 내 인화성 액체가 비등하고 가스부분의 압력이 상승하여 탱크가 파괴되고 폭발을 일으키는 현상

(2) **건축물 내**

현 상	정 의
플래시오버 (flash over)	• 화재로 인하여 실내의 온도가 급격히 상승하여 화재가 순간적으로 실내 전체에 확산되어 연소되는 현상
백드래프트 (back draft)	• **통기력**이 좋지 않은 상태에서 연소가 계속되어 산소가 심히 부족한 상태가 되었을 때 **개구부**를 통하여 산소가 공급되면 실내의 가연성 혼합기가 공급되는 **산소의 방향**과 **반대**로 흐르며 급격히 연소하는 현상 • 소방대가 소화활동을 위하여 화재실의 문을 개방할 때 신선한 공기가 유입되어 실내에 축적되었던 가연성 가스가 **단시간**에 **폭발적**으로 **연소**함으로써 화재가 폭풍을 동반하며 **실외**로 **분출**되는 현상

🔊 중요

유류탱크에서 **발생**하는 현상

현 상	정 의
보일오버 (boil over) 보기 ②	• 중질유의 석유탱크에서 장시간 조용히 연소하다 탱크 내의 잔존기름이 갑자기 분출하는 현상 • 유류탱크에서 탱크바닥에 물과 기름의 **에멀션**이 섞여 있을 때 이로 인하여 화재가 발생하는 현상 • 연소유면으로부터 100℃ 이상의 열파가 탱크 **저부**에 고여 있는 물을 비등하게 하면서 연소유를 탱크 밖으로 비산시키며 연소하는 현상

기억법 보저(보자기)

오일오버 (oil over)	• 저장탱크에 저장된 유류저장량이 내용적의 50% 이하로 충전되어 있을 때 화재로 인하여 탱크가 폭발하는 현상
프로스오버 (froth over) 보기 ④	• 물이 점성의 뜨거운 기름 표면 아래에서 끓을 때 화재를 수반하지 않고 용기가 넘치는 현상
슬롭오버 (slop over) 보기 ③	• 물이 연소유의 뜨거운 표면에 들어갈 때 기름 표면에서 화재가 발생하는 현상 • 유화제로 소화하기 위한 물이 수분의 급격한 증발에 의하여 액면이 거품을 일으키면서 열유층 밑의 냉유가 급히 열팽창하여 기름의 일부가 불이 붙은 채 탱크벽을 넘어서 일출하는 현상

답 ①

★★★
08 방화벽의 구조 기준 중 다음 ( ) 안에 알맞은 것은?

19.09.문14
17.09.문16
13.03.문16
12.03.문10

• 방화벽의 양쪽 끝과 위쪽 끝을 건축물의 외벽면 및 지붕면으로부터 (㉠)m 이상 튀어 나오게 할 것

• 방화벽에 설치하는 출입문의 너비 및 높이는 각각 (㉡)m 이하로 하고, 해당 출입문에는 60분+방화문 또는 60분 방화문을 설치할 것

① ㉠ 0.3, ㉡ 2.5   ② ㉠ 0.3, ㉡ 3.0

③ ㉠ 0.5, ㉡ 2.5   ④ ㉠ 0.5, ㉡ 3.0

해설 **건축령 57조**
방화벽의 구조

구 분	설 명
대상 건축물	• 주요 구조부가 내화구조 또는 불연재료가 아닌 연면적 1000m² 이상인 건축물
구획단지	• 연면적 1000m² 미만마다 구획
방화벽의 구조	• **내화구조**로서 홀로 설 수 있는 구조일 것 • 방화벽의 양쪽 끝과 위쪽 끝을 건축물의 외벽면 및 지붕면으로부터 <u>0.5m</u> 이상 튀어나오게 할 것 보기 ㉠ • 방화벽에 설치하는 **출입문**의 **너비** 및 높이는 각각 <u>2.5m</u> 이하로 하고 해당 출입문에는 60분+방화문 또는 60분 방화문을 설치할 것 보기 ㉡

답 ③

09

★★★

22.09.문18
20.06.문19
19.03.문03
18.03.문18

다음 물질 중 연소범위를 통해 산출한 위험도값이 가장 높은 것은?

① 수소
② 에틸렌
③ 메탄
④ 이황화탄소

해설 위험도

$$H = \frac{U-L}{L}$$

여기서, H : 위험도
U : 연소상한계
L : 연소하한계

① 수소 = $\frac{75-4}{4}$ = 17.75 보기 ①

② 에틸렌 = $\frac{36-2.7}{2.7}$ = 12.33 보기 ②

③ 메탄 = $\frac{15-5}{5}$ = 2 보기 ③

④ 이황화탄소 = $\frac{50-1}{1}$ = 49(가장 높음) 보기 ④

중요

공기 중의 폭발한계(상온, 1atm)

가 스	하한계 [vol%]	상한계 [vol%]
아세틸렌(C_2H_2)	2.5	81
수소(H_2) 보기 ①	4	75
일산화탄소(CO)	12	75
에**테**르(($C_2H_5)_2O$)	1.7	48
이**황**화탄소(CS_2) 보기 ④	1	50
에**틸**렌(C_2H_4) 보기 ②	2.7	36
암모니아(NH_3)	15	25
메탄(CH_4) 보기 ③	5	15
에탄(C_2H_6)	3	12.4
프로판(C_3H_8)	2.1	9.5
부탄(C_4H_{10})	1.8	8.4

기억법		
아	2581	
수	475	
일	1275	
테	1748	
황	150	
틸	2736	
암	1525	
메	515	
에	3124	
프	2195	
부	1884	

• 연소한계=연소범위=가연한계=가연범위=폭발한계=폭발범위

답 ④

10

★★★

22.09.문19
21.05.문13
16.05.문20
07.09.문03

알킬알루미늄 화재시 사용할 수 있는 소화약제로 가장 적당한 것은?

① 이산화탄소
② 물
③ 할로겐화합물
④ 마른모래

해설 위험물의 소화약제

위험물	소화약제
• 알킬알루미늄 • 알킬리튬	• 마른모래 보기 ④ • 팽창질석 • 팽창진주암

답 ④

11

★★

17.03.문20
06.03.문05

인화성 액체의 연소점, 인화점, 발화점을 온도가 높은 것부터 옳게 나열한 것은?

① 발화점 > 연소점 > 인화점
② 연소점 > 인화점 > 발화점
③ 인화점 > 발화점 > 연소점
④ 인화점 > 연소점 > 발화점

해설 인화성 액체의 온도가 높은 순서
발화점 > 연소점 > 인화점 보기 ①

용어

연소와 **관계되는 용어**

용어	설명
발화점	가연성 물질에 불꽃을 접하지 아니하였을 때 연소가 가능한 **최저온도**
인화점	휘발성 물질에 불꽃을 접하여 연소가 가능한 **최저온도**
연소점	① 인화점보다 **10℃** 높으며 연소를 **5초** 이상 지속할 수 있는 온도 ② 어떤 인화성 액체가 공기 중에서 열을 받아 점화원의 존재하에 **지속적인 연소**를 일으킬 수 있는 온도 ③ 가연성 액체에 점화원을 가져가서 인화된 후에 점화원을 제거하여도 가연물이 **계속 연소**되는 **최저온도**

답 ①

12

★★★

20.06.문14
16.10.문19
13.06.문19

다음 물질의 저장창고에서 화재가 발생하였을 때 주수소화를 할 수 없는 물질은?

① 부틸리튬
② 질산에틸
③ 니트로셀룰로오스
④ 적린

해설 주수소화(물소화)시 위험한 물질

구 분	현 상
• 무기과산화물	산소(O_2) 발생
• **금속분** • **마**그네슘 • 알루미늄 • 칼륨 • 나트륨 • 수소화리튬 • **부틸리튬** [보기 ①]	**수소**(H_2) 발생
• 가연성 액체의 유류화재	**연소면**(화재면) 확대

기억법 금마수

※ **주수소화** : 물을 뿌려 소화하는 방법

답 ①

★★★
13 피난계획의 일반원칙 중 페일 세이프(faill safe)에 대한 설명으로 옳은 것은?

20.09.문01
16.10.문14
14.03.문07

① 본능적 상태에서도 쉽게 식별이 가능하도록 그림이나 색채를 이용하는 것
② 피난구조설비를 반드시 이동식으로 하는 것
③ 피난수단을 조작이 간편한 원시적 방법으로 설계하는 것
④ 한 가지 피난기구가 고장이 나도 다른 수단을 이용할 수 있도록 고려하는 것

해설
① Fool proof
② Fool proof : 이동식 → 고정식
③ Fool proof
④ Fail safe

페일 세이프(fail safe)와 풀 프루프(fool proof)

용 어	설 명
페일 세이프 (fail safe)	• 한 가지 피난기구가 고장이 나도 다른 수단을 이용할 수 있도록 고려하는 것 [보기 ④] • 한 가지가 고장이 나도 다른 수단을 이용하는 원칙 • **두 방향**의 피난동선을 항상 확보하는 원칙
풀 프루프 (fool proof)	• 피난경로는 **간단명료**하게 한다. • 피난구조설비는 **고정식 설비**를 위주로 설치한다. [보기 ②] • 피난수단은 **원시적 방법**에 의한 것을 원칙으로 한다. [보기 ③] • 피난통로를 **완전불연화**한다. • 막다른 복도가 없도록 계획한다. • 간단한 **그림**이나 **색채**를 이용하여 표시한다. [보기 ①]

기억법 풀그색 간고원

답 ④

★★
14 다음 중 열전도율이 가장 작은 것은?

17.05.문14
09.05.문15

① 알루미늄
② 철재
③ 은
④ 암면(광물섬유)

해설 27℃에서 물질의 열전도율

물 질	열전도율
암면(광물섬유) [보기 ④]	0.046W/m・℃
철재 [보기 ②]	80.3W/m・℃
알루미늄 [보기 ①]	237W/m・℃
은 [보기 ③]	427W/m・℃

 중요

열전도와 관계있는 것
(1) 열전도율〔kcal/m・h・℃, W/m・deg〕
(2) 비열〔cal/g・℃〕
(3) 밀도〔kg/m^3〕
(4) 온도〔℃〕

답 ④

★★
15 정전기에 의한 발화과정으로 옳은 것은?

21.05.문04
16.10.문11

① 방전 → 전하의 축적 → 전하의 발생 → 발화
② 전하의 발생 → 전하의 축적 → 방전 → 발화
③ 전하의 발생 → 방전 → 전하의 축적 → 발화
④ 전하의 축적 → 방전 → 전하의 발생 → 발화

해설 정전기의 발화과정

전하의 발생	→	전하의 축적	→	방전	→	발화

기억법 발축방

답 ②

★★
16 0℃, 1atm 상태에서 부탄(C_4H_{10}) 1mol을 완전연소시키기 위해 필요한 산소의 mol수는?

14.09.문19
07.09.문10

① 2
② 4
③ 5.5
④ 6.5

해설 **연소**시키기 위해서는 O_2가 필요하므로
$$aC_4H_{10} + bO_2 \rightarrow cCO_2 + dH_2O$$
C : $4a = c$
$\quad\quad^2\quad\quad^8$
H : $10a = 2d$
$\quad\quad^{10}$
O : $2b = 2c + d$
$\quad\quad^{13}\quad^8\quad^{10}$

$$(2)C_4H_{10}+(13)O_2 \rightarrow 8CO_2+10H_2O$$

2몰 ⟍ 13몰
1몰 ⟋ x

$2x=13$

$x=\dfrac{13}{2}=6.5$몰

👆 **중요**

발생물질

완전연소	불완전연소
CO_2+H_2O	$CO+H_2O$

답 ④

★★
17 다음 중 연소시 아황산가스를 발생시키는 것은?

17.05.문08
07.09.문11

① 적린
② 유황
③ 트리에틸알루미늄
④ 황린

해설 $S+O_2 \rightarrow SO_2$
황 산소 아황산가스

● 황=유황

답 ②

★★★
18 pH 9 정도의 물을 보호액으로 하여 보호액 속에 저장하는 물질은?

18.03.문07
14.05.문20
07.09.문12

① 나트륨   ② 탄화칼슘
③ 칼륨   ④ 황린

해설 **저장물질**

물질의 종류	보관장소
● **황**린 보기 ④ ● **이**황화탄소(CS_2)	● **물**속 기억법 황이물
● 니트로셀룰로오스	● 알코올 속
● 칼륨(K) 보기 ③ ● 나트륨(Na) 보기 ① ● 리튬(Li)	● 석유류(등유) 속
● 탄화칼슘(CaC_2) 보기 ②	● 습기가 없는 밀폐용기
● 아세틸렌(C_2H_2) ● 아세톤 문제 19	● 디메틸프롬아미드(DMF)

🔍 **참고**

물질의 발화점

물질의 종류	발화점
● 황린	30~50℃
● 황화린 ● 이황화탄소	100℃
● 니트로셀룰로오스	180℃

답 ④

★★★
19 아세틸렌 가스를 저장할 때 사용되는 물질은?

18.03.문07
14.05.문20
07.09.문12

① 벤젠
② 틀루엔
③ 아세톤
④ 에틸알코올

해설 문제 18 참조

답 ③

★
20 연소의 4대 요소로 옳은 것은?

① 가연물－열－산소－발열량
② 가연물－열－산소－순조로운 연쇄반응
③ 가연물－발화온도－산소－반응속도
④ 가연물－산화반응－발열량－반응속도

해설 **연소의 3요소와 4요소**

연소의 3요소	연소의 4요소
● 가연물(연료)	● **가연물**(연료)
● 산소공급원(산소, 공기)	● 산소공급원(**산소**, 공기)
● 점화원(점화에너지, 열)	● 점화원(점화에너지, **열**)
	● **연쇄반응**(순조로운 연쇄반응)

기억법 연4(연사)

답 ②

제2과목 소방유체역학 ▪▪

★★★
21 어떤 팬이 1750rpm으로 회전할 때의 전압은 155mmAq, 풍량은 240m³/min이다. 이것과 상사한 팬을 만들어 1650rpm, 전압 200mmAq로 작동할 때 풍량은 약 몇 m³/min인가? (단, 공기의 밀도와 비속도는 두 경우에 같다고 가정한다.)

22.09.문24
21.05.문24
15.05.문24
13.03.문28

① 396   ② 386
③ 356   ④ 366

해설 **(1) 기호**

● N_1 : 1750rpm
● H_1 : 155mmAq=0.155mAq=0.155m
    (1000mm=1m, Aq 생략 가능)
● Q_1 : 240m³/min
● N_2 : 1650rpm
● H_2 : 200mmAq=0.2mAq=0.2m(1000mm=
    1m, Aq 생략 가능)
● Q_2 : ?

(2) 비교회전도(비속도)

$$N_s = N \frac{\sqrt{Q}}{\left(\frac{H}{n}\right)^{\frac{3}{4}}}$$

여기서, N_s : 펌프의 비교회전도(비속도)
　　　　　　[m³/min · m/rpm]
　　　　N : 회전수[rpm]
　　　　Q : 유량[m³/min]
　　　　H : 양정[m]
　　　　n : 단수

펌프의 비교회전도 N_s 는

$$N_s = N_1 \frac{\sqrt{Q_1}}{\left(\frac{H_1}{n}\right)^{\frac{3}{4}}} = 1750\text{rpm} \times \frac{\sqrt{240\text{m}^3/\text{min}}}{(0.155\text{m})^{\frac{3}{4}}}$$

$$= 109747.5\text{m}^3/\text{min} \cdot \text{m/rpm}$$

> • n : 주어지지 않았으므로 무시

펌프의 비교회전도 N_{s2} 는

$$N_{s2} = N_2 \frac{\sqrt{Q_2}}{\left(\frac{H_2}{n}\right)^{\frac{3}{4}}}$$

$$109747.5\text{m}^3/\text{min} \cdot \text{m/rpm} = 1650\text{rpm} \times \frac{\sqrt{Q_2}}{(0.2\text{m})^{\frac{3}{4}}}$$

$$\frac{109747.5\text{m}^3/\text{min} \cdot \text{m/rpm} \times (0.2\text{m})^{\frac{3}{4}}}{1650\text{rpm}} = \sqrt{Q_2}$$

$$\sqrt{Q_2} = \frac{109747.5\text{m}^3/\text{min} \cdot \text{m/rpm} \times (0.2\text{m})^{\frac{3}{4}}}{1650\text{rpm}} \quad \blacktriangleleft \text{좌우} \\ \text{이항}$$

$$\left(\sqrt{Q_2}\right)^2 = \left(\frac{109747.5 \times (0.2\text{m})^{\frac{3}{4}}}{1650\text{rpm}}\right)^2$$

$$Q_2 \fallingdotseq 396\text{m}^3/\text{min}$$

> **기억법** 396m³/min(369! 369! 396)

> **용어**
>
> **비속도(비교회전도)**
> 펌프의 성능을 나타내거나 가장 적합한 **회전수**를 결정하는 데 이용되며, **회전자의 형상**을 나타내는 척도가 된다.

답 ①

22 게이지압력이 1225kPa인 용기에서 대기의 압력이 105kPa이었다면, 이 용기의 절대압력[kPa]은?

22.03.문39
20.06.문21
17.03.문39
14.05.문34
14.03.문33
13.06.문22
08.05.문38

① 1142　　　　② 1250
③ 1330　　　　④ 1450

해설 (1) 기호

> • 게이지압력 : 1225kPa
> • 대기압력 : 105kPa
> • 절대압력 : ?

(2) 절대압
　㉠ **절**대압 = **대**기압 + **게**이지압(계기압)
　㉡ 절대압 = 대기압 − 진공압

> **기억법** 절대게

절대압 = 대기압 + 게이지압(계기압)
　　　= 105kPa + 1225kPa = 1330kPa

답 ③

★★★
23 관 A에는 물이, 관 B에는 비중 0.9의 기름이 흐르고 있으며 그 사이에 마노미터 액체는 비중이 13.6인 수은이 들어 있다. 그림에서 $h_1 = 120\text{mm}$, $h_2 = 180\text{mm}$, $h_3 = 300\text{mm}$일 때 두 관의 압력차 $(P_A - P_B)$는 약 몇 kPa인가?

20.06.문38
19.03.문24
18.03.문37
15.09.문26
10.03.문35

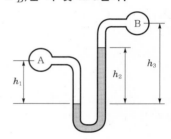

① 12.3　　　　② 18.4
③ 23.9　　　　④ 33.4

해설 (1) 기호

> • s_1 : 1(물이므로)
> • s_3 : 0.9
> • s_2 : 13.6
> • h_1 : 120mm = 0.12m(1000mm = 1m)
> • h_2 : 180mm = 0.18m(1000mm = 1m)
> • $h_3{}'$: $(h_3 - h_2) = (300 - 180)\text{mm}$
> 　　　　　　= 120mm
> 　　　　　　= 0.12m(1000mm = 1m)
> • $P_A - P_B$: ?

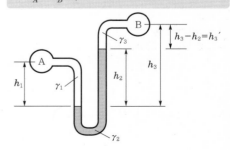

(2) 비중

$$s = \frac{\gamma}{\gamma_w}$$

여기서, s : 비중

γ : 어떤 물질의 비중량[kN/m³]

γ_w : 물의 비중량(9.8kN/m³)

물의 비중량 $s_1 = 9.8$kN/m³

기름의 비중량 γ_3는

$\gamma_3 = s_3 \times \gamma_w = 0.9 \times 9.8$kN/m³ $= 8.82$kN/m³

수은의 비중량 γ_2는

$\gamma_2 = s_2 \times \gamma_w = 13.6 \times 9.8$kN/m³ $= 133.28$kN/m³

(3) 압력차

$P_A + \gamma_1 h_1 - \gamma_2 h_2 - \gamma_3 h_3' = P_B$

$P_A - P_B = -\gamma_1 h_1 + \gamma_2 h_2 + \gamma_3 h_3'$

$\quad = -9.8$kN/m³ $\times 0.12$m $+ 133.28$kN/m³

$\qquad \times 0.18$m $+ 8.82$kN/m³ $\times 0.12$m

$\quad \fallingdotseq 23.87 \fallingdotseq 23.9$kN/m²

$\qquad = 23.9$kPa$(1$kN/m² $= 1$kPa$)$

중요

시차액주계의 압력계산방법

점 A를 기준으로 내려가면 더하고, 올라가면 빼면 된다.

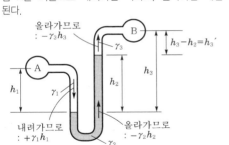

답 ③

24 안지름 60cm의 수평 원관에 정상류의 층류흐름이 있다. 이 관의 길이가 60m에 대한 수두손실이 9m였다면 이 관에 대하여 관 벽으로부터 10cm 떨어진 지점에서의 전단응력의 크기[N/m²]는?

① 98
② 147
③ 196
④ 294

해설 (1) 기호

- r : 30cm=0.3m(안지름이 60cm이므로 반지름은 30cm, 100cm=1m)
- r' : (30−10)cm=20cm=0.2m(100cm=1m)
- l : 60m
- h : 9m
- τ : ?

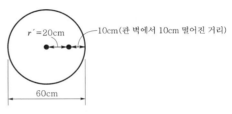

—10cm(관 벽에서 10cm 떨어진 거리)

$r' = 20$cm

60cm

(2) 압력차

$$\Delta P = \gamma h$$

여기서, ΔP : 압력차[N/m²] 또는 [Pa]

γ : 비중량(물의 비중량 9800N/m³)

h : 높이(수두손실)[m]

압력차 ΔP는

$\Delta P = \gamma h = 9800$N/m³ $\times 9$m $= 88200$N/m²

(3) 뉴턴의 점성법칙

$$\tau = \frac{P_A - P_B}{l} \cdot \frac{r}{2}$$

여기서, τ : 전단응력[N/m²] 또는 [Pa]

$P_A - P_B$: 압력강하[N/m²] 또는 [Pa]

l : 관의 길이[m]

r : 반경[m]

중심에서 20cm 떨어진 지점에서의 전단응력 τ는

$\tau = \frac{P_A - P_B}{l} \cdot \frac{r'}{2}$

$\quad = \frac{88200\text{N/m}^2}{60\text{m}} \times \frac{0.2\text{m}}{2}$

$\quad = 147$N/m²

- 전단응력=전단력

중요

전단응력

층류	난류
$\tau = \frac{P_A - P_B}{l} \cdot \frac{r}{2}$	$\tau = \mu \frac{du}{dy}$
여기서, τ : 전단응력[N/m²] $P_A - P_B$: 압력강하 [N/m²] l : 관의 길이[m] r : 반경[m]	여기서, τ : 전단응력[N/m²] 또는 [Pa] μ : 점성계수 [N·s/m²] 또는 [kg/m·s] $\frac{du}{dy}$: 속도구배속도 변화율$\left(\frac{1}{s}\right)$ du : 속도[m/s] dy : 높이[m]

답 ②

★25

대기에 노출된 상태로 저장 중인 20℃의 소화용수 500kg을 연소 중인 가연물에 분사하였을 때 소화용수가 모두 100℃인 수증기로 증발하였다. 이때 소화용수가 증발하면서 흡수한 열량〔MJ〕은? (단, 물의 비열은 4.2kJ/kg·℃, 기화열은 2250kJ/kg이다.)

① 2.59 ② 168

③ 1125 ④ 1293

해설 (1) **기호**

- m : 500kg
- ΔT : (100-20)℃
- Q : ?
- C : 4.2kJ/kg·℃
- r_2 : 2250kJ/kg

(2) **열량**

$$Q = r_1 m + mC\Delta T + r_2 m$$

여기서, Q : 열량〔cal〕

r_1 : 융해열〔cal/g〕

r_2 : 기화열〔cal/g〕

m : 질량〔kg〕

C : 비열〔cal/g·℃〕

ΔT : 온도차〔℃〕

열량 Q는

$Q = r_1 m + mC\Delta T + r_2 m$ ← 융해열은 없으므로 $r_1 m$ 삭제

$= mC\Delta T + r_2 m$

$= 500\text{kg} \times 4.2\text{kJ/kg·℃} \times (100-20)\text{℃}$
$\quad + 2250\text{kJ/kg} \times 500\text{kg}$

$= 1293000\text{kJ} = 1293\text{MJ}(1000\text{kJ} = 1\text{MJ})$

답 ④

★26

설계규정에 의하면 어떤 장치에서의 원형관의 유체속도는 2m/s 내외이다. 이 관을 이용하여 물을 1m³/min 유량으로 수송하려면 관의 안지름〔mm〕은?

① 13 ② 25

③ 103 ④ 505

해설 (1) **기호**

- V : 2m/s
- Q : 1m³/min=1m³/60s
- D : ?

(2) **유량**

$$Q = AV = \left(\frac{\pi D^2}{4}\right)V$$

여기서, Q : 유량〔m³/s〕

A : 단면적〔m²〕

V : 유속〔m/s〕

D : 직경〔m〕

유량 Q는

$Q = \left(\frac{\pi D^2}{4}\right)V$

$\frac{4Q}{\pi V} = D^2$

$D^2 = \frac{4Q}{\pi V}$ ← 좌우 이항

$\sqrt{D^2} = \sqrt{\frac{4Q}{\pi V}}$

$D = \sqrt{\frac{4Q}{\pi V}} = \sqrt{\frac{4 \times 1\text{m}^3/60\text{s}}{\pi \times 2\text{m/s}}}$

$\fallingdotseq 0.103\text{m} = 103\text{mm}(1\text{m} = 1000\text{mm})$

답 ③

★27

안지름이 150mm인 금속구(球)의 질량을 내부가 진공일 때와 875kPa까지 미지의 가스로 채워졌을 때 각각 측정하였다. 이때 질량의 차이가 0.00125kg이었고 실온은 25℃이었다. 이 가스를 순수물질이라고 할 때 이 가스는 무엇으로 추정되는가? (단, 일반기체상수는 8314J/kmol·K이다.)

① 수소(H_2, 분자량 약 2)

② 헬륨(He, 분자량 약 4)

③ 산소(O_2, 분자량 약 32)

④ 아르곤(Ar, 분자량 약 40)

해설 (1) **기호**

- D : 150mm=0.15m(1000mm=1m)
- P : 875kPa=875kN/m²(1kPa=1kN/m²)
- m : 0.00125kg
- T : 25℃=(273+25)K
- $\overline{R}$: 8314J/kmol·K=8.314kJ/kmol·K (1000J=1kJ)
- M : ?

(2) **구의 부피(체적)**

$$V = \frac{\pi}{6}D^3$$

여기서, V : 구의 부피〔m³〕

D : 구의 안지름〔m〕

구의 부피 V는

$V = \frac{\pi}{6}D^3 = \frac{\pi}{6} \times (0.15\text{m})^3$

(3) **이상기체상태 방정식**

$$PV = mRT$$

여기서, P : 기압[kPa]

V : 부피[m³]

m : 질량[kg]

R : 기체상수[kJ/kg · K]

T : 절대온도(273 + ℃)[K]

기체상수 R는

$$R = \frac{PV}{mT}$$

$$= \frac{875\text{kN/m}^2 \times \frac{\pi}{6} \times (0.15\text{m})^3}{0.00125\text{kg} \times (273 + 25)\text{K}}$$

$$≒ 4.15\text{kN} \cdot \text{m/kg} \cdot \text{K}$$

$$= 4.15\text{kJ/kg} \cdot \text{K} \, (1\text{kN} \cdot \text{m} = 1\text{kJ})$$

(4) **기체상수**

$$R = C_P - C_V = \frac{\overline{R}}{M}$$

여기서, R : 기체상수[kJ/kg · K]

C_P : 정압비열[kJ/kg · K]

C_V : 정적비열[kJ/kg · K]

$\overline{R}$: 일반기체상수[kJ/kmol · K]

M : 분자량[kg/kmol]

분자량 M은

$$M = \frac{\overline{R}}{R} = \frac{8.314\text{kJ/kmol} \cdot \text{K}}{4.15\text{kJ/kg} \cdot \text{K}} ≒ 2\text{kg/kmol}$$

(∴ 분자량 약 2kg/kmol인 ①번 정답)

답 ①

★★ 28
<small>19.04.문24</small>
<small>12.05.문30</small>
그림과 같은 사이펀(Siphon)에서 흐를 수 있는 유량[m³/min]은? (단, 관의 안지름은 50mm이며, 관로 손실은 무시한다.)

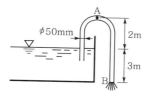

① 0.015

② 0.903

③ 15

④ 60

 (1) 기호

- Q : ?
- D : 50mm = 0.05m(1000mm = 1m)
- H : 3m(그림)

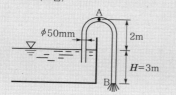

(2) **토리첼리의 식**

$$V = C\sqrt{2gH}$$

여기서, V : 유속[m/s]

C : 유량계수

g : 중력가속도(9.8m/s²)

H : 높이[m]

유속 V는

$$V = C\sqrt{2gH}$$

$$= \sqrt{2 \times 9.8\text{m/s}^2 \times 3\text{m}}$$

$$≒ 7.668\text{m/s}$$

- C : 주어지지 않았으므로 무시

(3) **유량**

$$Q = AV = \left(\frac{\pi D^2}{4}\right)V$$

여기서, Q : 유량[m³/s]

A : 단면적[m²]

V : 유속[m/s]

D : 직경[m]

유량 Q는

$$Q = \left(\frac{\pi D}{4}\right)^2 V$$

$$= \frac{\pi \times (0.05\text{m})^2}{4} \times 7.668\text{m/s}$$

$$= 0.01505\text{m}^3/\text{s}$$

$$= 0.01505\text{m}^3 / \frac{1}{60}\text{min} \left(1\text{min} = 60\text{s}, 1\text{s} = \frac{1}{60}\text{min}\right)$$

$$= 0.01505 \times 60\text{m}^3/\text{min}$$

$$= 0.903\text{m}^3/\text{min}$$

답 ②

★★★ 29
<small>18.04.문26</small>
<small>14.09.문34</small>
<small>12.05.문32</small>
물탱크에 담긴 물의 수면의 높이가 10m인데, 물탱크 바닥에 원형 구멍이 생겨서 10L/s만큼 물이 유출되고 있다. 원형 구멍의 지름은 약 몇 cm인가? (단, 구멍의 유량보정계수는 0.6이다.)

① 2.7

② 3.1

③ 3.5

④ 3.9

해설 (1) 기호

- H : 10m
- Q : 10L/s = 0.01m³/s(1000L = 1m³이므로 10L/s = 0.01m³/s)
- C : 0.6
- D : ?

(2) **토리첼리의 식**

$$V = C\sqrt{2gH}$$

여기서, V : 유속[m/s]
　　　C : 보정계수
　　　g : 중력가속도(9.8m/s²)
　　　H : 수면의 높이[m]

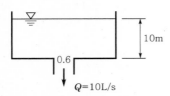

$$V = C\sqrt{2gH} = 0.6 \times \sqrt{2 \times 9.8\text{m/s}^2 \times 10\text{m}} = 8.4\text{m/s}$$

(3) 유량

$$Q = AV = \left(\frac{\pi}{4}D^2\right)V$$

여기서, Q : 유량[m³/s]
　　　A : 단면적[m²]
　　　V : 유속[m/s]
　　　D : 직경[m]

$$Q = \frac{\pi}{4}D^2 V$$

$$\frac{Q}{V} \times \frac{4}{\pi} = D^2$$

$$D^2 = \frac{Q}{V} \times \frac{4}{\pi}$$

$$\sqrt{D^2} = \sqrt{\frac{Q}{V} \times \frac{4}{\pi}}$$

$$D = \sqrt{\frac{Q}{V} \times \frac{4}{\pi}} = \sqrt{\frac{0.01\text{m}^3/\text{s}}{8.4\text{m/s}} \times \frac{4}{\pi}}$$

$$\fallingdotseq 0.039\text{m} = 3.9\text{cm}$$

- 1000L=1m³이므로 10L/s=0.01m³/s
- 1m=100cm이므로 0.039m=3.9cm

답 ④

★★★
30 수조의 수면으로부터 20m 아래에 설치된 지름 5cm의 오리피스에서 30초 동안 분출된 유량[m³]은? (단, 수심은 일정하게 유지된다고 가정하고 오리피스의 유량계수 $C=0.98$로 하여 다른 조건은 무시한다.)

18.04.문26
14.09.문34
12.05.문32

① 1.14　　　　② 3.46
③ 11.4　　　　④ 31.6

해설 **(1) 기호**

- H : 20m
- D : 5cm=0.05m(100cm=1m)
- t : 30s
- Q : ?
- C : 0.98

(2) 토리첼리의 식

$$V = C\sqrt{2gH}$$

여기서, V : 유속[m/s]
　　　C : 유량계수
　　　g : 중력가속도(9.8m/s²)
　　　H : 물의 높이[m]

유속 V는
$$V = C\sqrt{2gH}$$
$$= 0.98 \times \sqrt{2 \times 9.8\text{m/s}^2 \times 20\text{m}} \fallingdotseq 19.4\text{m/s}$$

(3) 유량

$$Q = AV = \left(\frac{\pi D^2}{4}\right)V$$

여기서, Q : 유량[m³/s]
　　　A : 단면적[m²]
　　　V : 유속[m/s]
　　　D : 지름[m]

유량 Q는
$$Q = \left(\frac{\pi D}{4}\right)^2 V$$
$$= \frac{\pi \times (0.05\text{m})^2}{4} \times 19.4\text{m/s} = 0.038\text{m}^3/\text{s}$$

$$0.038\text{m}^3/\text{s} \times 30\text{s} = 1.14\text{m}^3$$

답 ①

★★★
31 동력(power)의 차원을 MLT(질량 M, 길이 L, 시간 T)계로 바르게 나타낸 것은?

22.04.문31
21.05.문30
19.04.문40
17.05.문40
16.05.문25
13.09.문40
12.03.문25
10.03.문37

① MLT^{-1}
② MLT^{-2}
③ M^2LT^{-2}
④ ML^2T^{-3}

해설 **단위와 차원**

차 원	중력단위[차원]	절대단위[차원]
길이	m[L]	m[L]
시간	s[T]	s[T]
운동량	N·s[FT]	kg·m/s[MLT⁻¹]
속도	m/s[LT⁻¹]	m/s[LT⁻¹]
가속도	m/s²[LT⁻²]	m/s²[LT⁻²]
질량	N·s²/m[FL⁻¹T²]	kg[M]
압력	N/m²[FL⁻²]	kg/m·s²[ML⁻¹T⁻²]
밀도	N·s²/m⁴[FL⁻⁴T²]	kg/m³[ML⁻³]
비중	무차원	무차원
비중량	N/m³[FL⁻³]	kg/m²·s²[ML⁻²T⁻²]
비체적	m⁴/N·s²[F⁻¹L⁴T⁻²]	m³/kg[M⁻¹L³]
점성계수	N·s/m²[FL⁻²T]	kg/m·s[ML⁻¹T⁻¹]
동점성계수	m²/s[L²T⁻¹]	m²/s[L²T⁻¹]
부력(힘)	N[F]	kg·m/s²[MLT⁻²]
일(에너지·열량)	N·m[FL]	kg·m²/s²[ML²T⁻²]
동력(일률)	N·m/s[FLT⁻¹] →	kg·m²/s³[ML²T⁻³] 보기④
표면장력	N/m[FL⁻¹]	kg/s²[MT⁻²]

답 ④

32

'0.08.문28

진공계기압력이 19kPa, 20℃인 기체가 계기압력 800kPa로 등온압축되었다면 처음 체적에 대한 최후의 체적비는? (단, 대기압은 100kPa이다.)

① $\frac{1}{11.1}$ ② $\frac{1}{9.8}$

③ $\frac{1}{8.4}$ ④ $\frac{1}{7.8}$

해설 등온과정

(1) 기호

- 진공압 : 19kPa
- 계기압 : 800kPa
- $\frac{V_2}{V_1}$: ?
- 대기압 : 100kPa

(2) 절대압

㉠ **절**대압= **대**기압 + **게**이지압(계기압)
㉡ 절대압= 대기압 - 진공압

기억법 절대게

P_1 : 절대압= 대기압 - 진공압 = (100-19)kPa = **81kPa**

P_2 : 절대압= 대기압 + 게이지압(계기압) = (100+800)kPa = **900kPa**

(3) 압력과 비체적

$$\frac{P_2}{P_1} = \frac{v_1}{v_2}$$

여기서, P_1, P_2 : 변화 전후의 압력[kJ/m³] 또는 [kPa]
v_1, v_2 : 변화 전후의 비체적[m³/kg]

(4) 변형식

$$\frac{P_2}{P_1} = \frac{V_1}{V_2}$$

여기서, P_1, P_2 : 변화 전후의 압력[kJ/m³] 또는 [kPa]
V_1, V_2 : 변화 전후의 체적[m³]

$$\frac{V_2}{V_1} = \frac{P_1}{P_2}$$

처음 체적에 대한 최후 체적의 비 $\frac{V_2}{V_1}$ 는

$$\frac{V_2}{V_1} = \frac{P_1}{P_2} = \frac{81kPa}{900kPa} = \frac{9}{100} = 0.09 ≒ \frac{1}{11.1}$$

답 ①

33

8.03.문34
4.05.문32
1.03.문38

비중 0.92인 빙산이 비중 1.025의 바닷물 수면에 떠 있다. 수면 위에 나온 빙산의 체적이 150m³이면 빙산의 전체 체적은 약 몇 m³인가?

① 1314 ② 1464

③ 1725 ④ 1875

해설 비중

$$V = \frac{s_s}{s_w}$$

여기서, V : 바닷물에 잠겨진 부피
s_s : 어떤 물질의 비중(**빙**산의 비중)
s_w : 표준 물질의 비중(**바**닷물의 비중)

기억법 빙바(빙수바)

바닷물에 잠겨진 부피 V는

$$V = \frac{s_s}{s_w} = \frac{0.92}{1.025} = 0.8975 = 89.75\%$$

수면 위에 나온 빙산의 부피 = 100% - 89.75% = 10.25%
수면 위에 나온 빙산의 체적이 150m³이므로 비례식으로 풀면

$$10.25\% : 150m^3 = 100\% : x$$

$$10.25\% x = 150m^3 \times 100\%$$

$$x = \frac{150m^3 \times 100\%}{10.25\%} ≒ 1464m^3$$

답 ②

34

체적이 200L인 용기에 압력이 800kPa이고 온도가 200℃의 공기가 들어 있다. 공기를 냉각하여 압력을 500kPa로 낮추기 위해 제거해야 하는 열[kJ]은? (단, 공기의 정적비열은 0.718kJ/kg · K이고, 기체상수는 0.287kJ/kg · K이다.)

① 150 ② 570

③ 990 ④ 1400

해설 (1) 기호

- V : 200L=0.2m³(1000L=1m³)
- P_1 : 800kPa=800kN/m²(1kPa=1kN/m²)
- T_1 : 200℃=(273+200)K
- P_2 : 500kPa
- Q : ?
- C_V : 0.718kJ/kg · K
- R : 0.287kJ/kg · K=0.287kN · m/kg · K (1kJ=1kN · m)

(2) 이상기체상태 방정식

$$PV = mRT$$

여기서, P : 압력[kPa]
V : 체적[m³]
m : 질량[kg]
R : 기체상수[kJ/kg · K]
T : 절대온도(273 + ℃)[K]

질량 m은

$$m = \frac{PV}{RT}$$

$$= \frac{800\text{kN/m}^2 \times 0.2\text{m}^3}{0.287\text{kN} \cdot \text{m/kg} \cdot \text{K} \times (273+200)\text{K}} ≒ 1.18\text{kg}$$

(3) **정적과정**(체적이 변하지 않으므로)**시의 온도와 압력과의 관계**

$$\frac{P_2}{P_1} = \frac{T_2}{T_1}$$

여기서, P_1, P_2 : 변화 전후의 압력[kJ/m³]

T_1, T_2 : 변화 전후의 온도(273 + ℃)[K]

변화 후의 온도 T_2는

$$T_2 = \frac{P_2}{P_1} \times T_1$$

$$= \frac{500\text{kPa}}{800\text{kPa}} \times (273+200)\text{K} ≒ 295.6\text{K}$$

(4) **열**

$$Q = mC_V(T_2 - T_1)$$

여기서, Q : 열[kJ]

m : 질량[kg]

C_V : 정적비열[kJ/kg · K]

$(T_2 - T_1)$: 온도차 [K] 또는 [℃]

열 Q는

$$Q = mC_V(T_2 - T_1)$$

$$= 1.18\text{kg} \times 0.718\text{kJ/kg} \cdot \text{K}$$

$$\times [295.6 - (273+200)]\text{K}$$

$$≒ -150\text{kJ}$$

• '−'는 제거열에 해당

답 ①

지름 60cm, 관마찰계수가 0.3인 배관에 설치한 밸브의 부차적 손실계수(K)가 10이라면 이 밸브의 상당길이[m]는?

① 20   ② 22

③ 24   ④ 26

 (1) **기호**

• D : 60cm=0.6m(100cm=1m)
• f : 0.3
• K : 10
• L_e : ?

(2) **관의 등가길이**

$$L_e = \frac{KD}{f}$$

여기서, L_e : 관의 등가길이[m]

K : (부차적) 손실계수

D : 내경[m]

f : 마찰손실계수(마찰계수)

관의 **등가길이** L_e는

$$L_e = \frac{KD}{f}$$

$$= \frac{10 \times 0.6\text{m}}{0.3} = 20\text{m}$$

• 등가길이＝상당길이＝상당관길이
• 마찰계수＝마찰손실계수＝관마찰계수

답 ①

Newton의 점성법칙에 대한 옳은 설명으로 모두 짝지은 것은?

㉠ 전단응력은 점성계수와 속도기울기의 곱이다.
㉡ 전단응력은 점성계수에 비례한다.
㉢ 전단응력은 속도기울기에 반비례한다.

① ㉠, ㉡   ② ㉡, ㉢
③ ㉠, ㉢   ④ ㉠, ㉡, ㉢

 ㉢ 반비례 → 비례

Newton의 점성법칙 특징

(1) 전단응력은 **점성계수**와 **속도기울기**의 **곱**이다. 보기 ㉠
(2) 전단응력은 **속도기울기**에 **비례**한다. 보기 ㉢
(3) 속도기울기가 0인 곳에서 전단응력은 0이다.
(4) 전단응력은 **점성계수**에 **비례**한다. 보기 ㉡
(5) Newton의 점성법칙(난류)

$$\tau = \mu \frac{du}{dy}$$

여기서, τ : 전단응력[N/m²]

μ : 점성계수[N · s/m²]

$\frac{du}{dy}$: 속도구배(속도기울기)$\left[\frac{1}{\text{s}}\right]$

비교

Newton의 점성법칙

층류	난류
$\tau = \dfrac{p_A - p_B}{l} \cdot \dfrac{r}{2}$	$\tau = \mu \dfrac{du}{dy}$
여기서, τ : 전단응력[N/m²] $p_A - p_B$: 압력강하[N/m²] l : 관의 길이[m] r : 반경[m]	여기서, τ : 전단응력[N/m²] μ : 점성계수[N · s/m²] 또는 [kg/m · s] $\dfrac{du}{dy}$: 속도구배(속도기울기)$\left[\dfrac{1}{\text{s}}\right]$

답 ①

37

18.03.문24
17.09.문25

그림과 같이 수직평판에 속도 2m/s로 단면적이 0.01m²인 물 제트가 수직으로 세워진 벽면에 충돌하고 있다. 벽면의 오른쪽에서 물 제트를 왼쪽 방향으로 쏘아 벽면의 평형을 이루게 하려면 물 제트의 속도를 약 몇 m/s로 해야 하는가? (단, 오른쪽에서 쏘는 물 제트의 단면적은 0.005m²이다.)

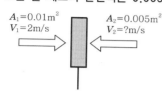

$A_1=0.01\text{m}^2$
$V_1=2\text{m/s}$

$A_2=0.005\text{m}^2$
$V_2=?\text{m/s}$

① 1.42
② 2.00
③ 2.83
④ 4.00

해설 (1) 기호

- A_1 : 0.01m²
- V_1 : 2m/s
- A_2 : 0.005m²
- V_2 : ?

벽면이 평형을 이루므로 힘 $F_1=F_2$

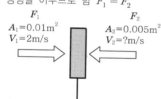

F_1
$A_1=0.01\text{m}^2$
$V_1=2\text{m/s}$

F_2
$A_2=0.005\text{m}^2$
$V_2=?\text{m/s}$

(2) 유량

$$Q=AV=\frac{\pi}{4}D^2V \quad \cdots\cdots\cdots ㉠$$

여기서, Q : 유량[m³/s]
A : 단면적[m²]
V : 유속[m/s]
D : 직경[m]

(3) 힘

$$F=\rho QV \quad \cdots\cdots\cdots ㉡$$

여기서, F : 힘[N]
ρ : 밀도(물의 밀도 1000N·s²/m⁴)
Q : 유량[m³/s]
V : 유속[m/s]

㉡식에 ㉠식을 대입하면
$$F=\rho QV=\rho(AV)V=\rho AV^2$$

$$F_1=F_2$$

$$\rho A_1V_1^2=\rho A_2V_2^2$$

$$\frac{A_1V_1^2}{A_2}=V_2^2$$

$$V_2^2=\frac{A_1V_1^2}{A_2}$$

$$\sqrt{V_2^2}=\sqrt{\frac{A_1V_1^2}{A_2}}$$

$$V_2=\sqrt{\frac{A_1V_1^2}{A_2}}=\sqrt{\frac{0.01\text{m}^2\times(2\text{m/s})^2}{0.005\text{m}^2}}≒2.83\text{m/s}$$

답 ③

38

22.04.문35
21.09.문40
19.03.문28
13.03.문24

그림과 같이 물이 수조에 연결된 원형 파이프를 통해 분출되고 있다. 수면과 파이프의 출구 사이에 총 손실수두가 200mm이라고 할 때 파이프에서의 방출유량은 약 몇 m³/s인가? (단, 수면 높이의 변화속도는 무시한다.)

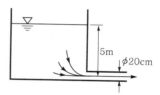

5m
ϕ20cm

① 0.285
② 0.295
③ 0.305
④ 0.315

해설 (1) 기호

- H_2 : 5m
- H_1 : 200mm=0.2m(1000mm=1m)
- Q : ?
- D : 20cm=0.2m(100cm=1m)

(2) 토리첼리의 식

$$V=\sqrt{2gH}=\sqrt{2g(H_2-H_1)}$$

여기서, V : 유속[m/s]
g : 중력가속도(9.8m/s²)
H_2 : 높이[m]
H_1 : 손실수두[m]

유속 V는
$$V=\sqrt{2g(H_2-H_1)}$$
$$=\sqrt{2\times9.8\text{m/s}^2\times(5-0.2)\text{m}}=9.669\text{m/s}$$

(3) 유량

$$Q=AV=\left(\frac{\pi D^2}{4}\right)V$$

여기서, Q : 유량[m³/s]
A : 단면적[m²]
V : 유속[m/s]
D : 직경[m]

유량 Q는
$$Q=AV=\frac{\pi D^2}{4}V$$
$$=\frac{\pi\times(0.2\text{m})^2}{4}\times9.699\text{m/s}=0.3047≒0.305\text{m}^3/\text{s}$$

답 ③

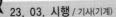

39 하겐-포아젤(Hagen-Poiseuille)식에 관한 설명으로 옳은 것은?
14.05.문27

① 수평 원관 속의 난류 흐름에 대한 유량을 구하는 식이다.
② 수평 원관 속의 층류 흐름에서 레이놀즈수와 유량과의 관계식이다.
③ 수평 원관 속의 층류 및 난류 흐름에서 마찰손실을 구하는 식이다.
④ 수평 원관 속의 층류 흐름에서 유량, 관경, 점성계수, 길이, 압력강하 등의 관계식이다.

해설 **하겐-포아젤(Hagen-Poiseuille)식**
수평 원관 속의 층류 흐름에서 유량, 관경, 점성계수, 길이, 압력강하 등의 관계식

$$\Delta P = \frac{128\mu Q l}{\pi D^4}$$

여기서, ΔP : 압력차(압력강하)[N/m²]
μ : 점성계수[N·s/m²]
Q : 유량[m³/s]
l : 길이[m]
D : 내경[m]

비교

층류 : 손실수두

유체의 속도를 알 수 있는 경우	유체의 속도를 알 수 없는 경우
$H = \dfrac{\Delta P}{\gamma} = \dfrac{fl V^2}{2gD}$ [m] (다르시-바이스바하의 식)	$H = \dfrac{\Delta P}{\gamma} = \dfrac{128\mu Q l}{\gamma \pi D^4}$ [m] (하겐-포아젤의 식)
여기서, H : 마찰손실(손실수두)[m] ΔP : 압력차(압력강하)[Pa] 또는 [N/m²] γ : 비중량(물의 비중량 9800N/m³) f : 관마찰계수 l : 길이[m] V : 유속[m/s] g : 중력가속도(9.8m/s²) D : 내경[m]	여기서, ΔP : 압력차(압력강하, 압력손실)[N/m²] γ : 비중량(물의 비중량 9800N/m³) μ : 점성계수[N·s/m²] Q : 유량[m³/s] l : 길이[m] D : 내경[m]

답 ④

40 펌프에 의하여 유체에 실제로 주어지는 동력은?
18.03.문26 14.05.문25 06.03.문22
(단, L_w는 동력[kW], γ는 물의 비중량[N/m³], Q는 토출량[m³/min], H는 전양정[m], g는 중력가속도[m/s²]이다.)

① $L_w = \dfrac{\gamma QH}{102 \times 60}$ ② $L_w = \dfrac{\gamma QH}{1000 \times 60}$

③ $L_w = \dfrac{\gamma QHg}{102 \times 60}$ ④ $L_w = \dfrac{\gamma QHg}{1000 \times 60}$

해설 **수동력**

$$L_w = \frac{\gamma QH}{1000 \times 60} = \frac{9800QH}{1000 \times 60} ≒ 0.163QH$$

여기서, L_w : 수동력[kW]
γ : 비중량(물의 비중량 9800N/m³)
Q : 유량[m³/min]
H : 전양정[m]

● 지문에서 전달계수(K)와 효율(η)은 주어지지 않았으므로 **수동력**을 적용하면 됨

용어

수동력
전달계수(K)와 효율(η)을 고려하지 않은 동력

답 ②

제3과목 **소방관계법규**

41 위험물안전관리법령에 따라 위험물안전관리자를 해임하거나 퇴직한 때에는 해임하거나 퇴직한 날부터 며칠 이내에 다시 안전관리자를 선임하여야 하는가?
22.06.문48 19.03.문59 18.03.문56 16.10.문54 16.03.문55 11.03.문56

① 30일 ② 35일
③ 40일 ④ 55일

해설 **30일**
(1) 소방시설업 등록사항 변경신고(공사업규칙 6조)
(2) **위험물안전관리자의 재선임**(위험물안전관리법 15조) 보기 ①
(3) 소방안전관리자의 재선임(화재예방법 시행규칙 14조)
(4) **도급계약 해지**(공사업법 23조)
(5) 소방시설공사 중요사항 변경시의 신고일(공사업규칙 12조)
(6) 소방기술자 실무교육기관 지정서 발급(공사업규칙 32조)
(7) 소방공사감리자 변경서류 제출(공사업규칙 15조)
(8) **승계**(위험물법 10조)
(9) 위험물안전관리자의 직무대행(위험물법 15조)
(10) 탱크시험자의 변경신고일(위험물법 16조)

답 ①

42 위험물안전관리법령상 제조소 또는 일반취급소의 위험물취급탱크 노즐 또는 맨홀을 신설하는 경우, 노즐 또는 맨홀의 직경이 몇 mm를 초과하는 경우에 변경허가를 받아야 하는가?

① 250 ② 300
③ 450 ④ 600

해설 **위험물규칙** 〔별표 1의 2〕
제조소 또는 일반취급소의 변경허가
(1) 제조소 또는 **일반취급소**의 **위치**를 **이전**하는 경우
(2) 건축물의 벽·기둥·바닥·보 또는 지붕을 **증설** 또는 **철거**하는 경우
(3) 배출설비를 **신설**하는 경우
(4) 위험물취급탱크를 신설·교체·철거 또는 보수(탱크의 본체를 절개)하는 경우
(5) 위험물취급탱크의 **노즐** 또는 **맨홀**을 신설하는 경우(노즐 또는 맨홀의 직경이 **250mm**를 초과하는 경우) 보기 ①
(6) 위험물취급탱크의 **방유제**의 **높이** 또는 방유제 내의 **면적**을 **변경**하는 경우
(7) 위험물취급탱크의 탱크전용실을 **증설** 또는 **교체**하는 경우
(8) **300m**(지상에 설치하지 아니하는 배관은 **30m**)를 초과하는 위험물배관을 신설·교체·철거 또는 보수(배관 절개)하는 경우
(9) 불활성기체의 봉입장치를 **신설**하는 경우

기억법 노맨 250mm

답 ①

★★★
43 화재의 예방 및 안전관리에 관한 법령에 따라 소방안전관리대상물의 관계인이 소방안전관리업무에서 소방안전관리자를 선임하지 아니하였을 때 벌금기준은?
19.04.문49
15.09.문57
10.03.문57

① 100만원 이하　② 1000만원 이하
③ 200만원 이하　④ 300만원 이하

해설 **300만원 이하**의 **벌금**
(1) 화재안전조사를 정당한 사유없이 거부·방해·기피(화재예방법 50조)
(2) **소방안전관리자**, **총괄소방안전관리자** 또는 **소방안전관리보조자** 미선임(화재예방법 50조) 보기 ④
(3) 위탁받은 업무종사자의 **비밀누설**(소방시설법 59조)
(4) 성능위주설계평가단 비밀누설(소방시설법 59조)
(5) 방염성능검사 합격표시 위조(소방시설법 59조)
(6) 다른 자에게 자기의 성명이나 상호를 사용하여 소방시설공사 등을 수급 또는 시공하게 하거나 소방시설업의 등록증·**등록수첩**을 **빌려준 자**(공사업법 37조)
(7) **감리원 미배치자**(공사업법 37조)
(8) 소방기술인정 자격수첩을 빌려준 자(공사업법 37조)
(9) **2 이상**의 업체에 **취업**한 자(공사업법 37조)
⑽ 소방시설업자나 관계인 감독시 관계인의 업무를 방해하거나 비밀누설(공사업법 37조)

기억법 비3(비상)

답 ④

★★★
44 소방기본법령상 소방안전교육사의 배치대상별 배치기준으로 틀린 것은?
22.09.문56
20.09.문57
13.09.문46

① 소방청 : 2명 이상 배치
② 소방본부 : 2명 이상 배치
③ 소방서 : 1명 이상 배치
④ 한국소방안전원(본회) : 1명 이상 배치

해설 ④ 1명 이상 → 2명 이상

기본령 〔별표 2의 3〕
소방안전교육사의 배치대상별 배치기준

배치대상	배치기준
소방서	• **1명 이상** 보기 ③
한국소방안전원	• 시·도지부 : **1명 이상** • 본회 : **2명 이상** 보기 ④
소방본부	• **2명 이상** 보기 ②
소방청	• **2명 이상** 보기 ①
한국소방산업기술원	• **2명 이상**

답 ④

★★★
45 피난시설, 방화구획 및 방화시설을 폐쇄·훼손·변경 등의 행위를 3차 이상 위반한 자에 대한 과태료는?
21.09.문52
19.04.문49
18.04.문58
15.09.문57
10.03.문57

① 200만원　② 300만원
③ 500만원　④ 1000만원

해설 **소방시설법 61조**
300만원 이하의 과태료
(1) 소방시설을 **화재안전기준**에 따라 설치·관리하지 아니한 자
(2) 피난시설, 방화구획 또는 방화시설의 **폐쇄·훼손·변경** 등의 행위를 한 자 보기 ②
(3) **임시소방시설**을 설치·관리하지 아니한 자
(4) **점검기록표**를 기록하지 아니하거나 특정소방대상물의 출입자가 쉽게 볼 수 있는 장소에 게시하지 아니한 관계인

비교

소방시설법 시행령 〔별표 11〕
피난시설, 방화구획 또는 방화시설을 폐쇄·훼손·변경 등의 행위

1차 위반	2차 위반	3차 이상 위반
100만원	200만원	300만원

답 ②

★
46 소방시설공사업법령상 소방공사감리를 실시함에 있어 용도와 구조에서 특별히 안전성과 보안성이 요구되는 소방대상물로서 소방시설물에 대한 감리를 감리업자가 아닌 자가 감리할 수 있는 장소는?
20.06.문54

① 정보기관의 청사
② 교도소 등 교정관련시설
③ 국방 관계시설 설치장소
④ 원자력안전법상 관계시설이 설치되는 장소

해설 (1) **공사업법 시행령 8조**
감리업자가 아닌 자가 감리할 수 있는 보안성 등이 요구되는 소방대상물의 시공장소 「**원자력안전법**」 제2조 제10호에 따른 **관계시설**이 설치되는 장소 보기 ④
(2) **원자력안전법 2조 10호**
"**관계시설**"이란 원자로의 안전에 관계되는 **시설**로서 **대통령령**으로 정하는 것을 말한다.

답 ④

★★★
47 화재의 예방 및 안전관리에 관한 법령상 시·도지사는 화재가 발생할 우려가 높거나 화재가 발생하는 경우 그로 인하여 피해가 클 것으로 예상되는 지역을 화재예방강화지구로 지정할 수 있는데 다음 중 지정대상지역에 대한 기준으로 틀린 것은? (단, 소방청장·소방본부장 또는 소방서장이 화재예방강화지구로 지정할 필요가 있다고 별도로 인정하는 지역은 제외한다.)

22.03.문44
20.09.문55
19.09.문50
17.09.문49
16.05.문53
13.09.문56

① 소방출동로가 없는 지역
② 석유화학제품을 생산하는 공장이 있는 지역
③ 석조건물이 2채 이상 밀집한 지역
④ 공장이 밀집한 지역

해설 ③ 해당 없음

화재예방법 18조
화재예방강화지구의 지정
(1) **지정권자** : 시·도지사
(2) **지정지역**
㉠ **시장지역**
㉡ **공장·창고** 등이 밀집한 지역 보기 ④
㉢ **목조건물**이 밀집한 지역
㉣ **노후·불량** 건축물이 밀집한 지역
㉤ **위험물**의 저장 및 **처리시설**이 **밀집**한 지역
㉥ **석유화학제품**을 생산하는 공장이 있는 지역 보기 ②
㉦ **소방시설·소방용수시설** 또는 **소방출동로**가 **없는** 지역 보기 ①
㉧ 「**산업입지 및 개발에 관한 법률**」에 따른 산업단지
㉨ 「**물류시설의 개발 및 운영에 관한 법률**」에 따른 **물류단지**
㉩ **소방청장·소방본부장·소방서장**(소방관서장)이 화재예방강화지구로 지정할 필요가 있다고 인정하는 지역

※ **화재예방강화지구** : 화재발생 우려가 크거나 화재가 발생할 경우 피해가 클 것으로 예상되는 지역에 대하여 화재의 예방 및 안전관리를 강화하기 위해 지정·관리하는 지역

비교
기본법 19조
화재로 오인할 만한 불을 피우거나 연막소독시 신고지역
(1) **시장지역**
(2) **공장·창고**가 밀집한 지역
(3) **목조건물**이 밀집한 지역
(4) **위험물**의 저장 및 **처리시설**이 **밀집**한 지역
(5) **석유화학제품**을 생산하는 공장이 있는 지역
(6) 그 밖에 **시·도**의 **조례**로 정하는 지역 또는 장소

답 ③

★★★
48 소방기본법령상 최대 200만원 이하의 과태료 처분 대상이 아닌 것은?

22.09.문54
21.09.문54
17.09.문43

① 한국소방안전원 또는 이와 유사한 명칭을 사용한 자
② 소방활동구역을 대통령령으로 정하는 사람 외에 출입한 사람
③ 화재진압 구조·구급 활동을 위해 사이렌을 사용하여 출동하는 소방자동차에 진로를 양보하지 아니하여 출동에 지장을 준 자
④ 화재, 재난·재해, 그 밖의 위급한 상황이 발생한 구역에 소방본부장의 피난명령을 위반한 사람

해설 ④ 100만원 이하의 벌금

200만원 이하의 과태료
(1) 소방용수시설·소화기구 및 설비 등의 설치명령 위반(화재예방법 52조)
(2) 특수가연물의 저장·취급 기준 위반(화재예방법 52조)
(3) 한국119청소년단 또는 이와 유사한 명칭을 사용한 자(기본법 56조)
(4) 소방활동구역 출입(기본법 56조) 보기 ②
(5) 소방자동차의 출동에 지장을 준 자(기본법 56조) 보기 ③
(6) 한국소방안전원 또는 이와 유사한 명칭을 사용한 자(기본법 56조) 보기 ①
(7) 관계서류 미보관자(공사업법 40조)
(8) **소방기술자 미배치자**(공사업법 40조)
(9) 완공검사를 받지 아니한 자(공사업법 40조)
(10) 방염성능기준 미만으로 방염한 자(공사업법 40조)
(11) 하도급 미통지자(공사업법 40조)
(12) 관계인에게 지위승계·행정처분·휴업·폐업 사실을 거짓으로 알린 자(공사업법 40조)

비교
100만원 이하의 벌금
(1) 관계인의 소방활동 미수행(기본법 20조)
(2) **피난명령** 위반(기본법 54조) 보기 ④
(3) 위험시설 등에 대한 긴급조치 방해(기본법 54조)
(4) 거짓보고 또는 자료 미제출자(공사업법 38조)
(5) 관계공무원의 출입·조사·검사 방해(공사업법 38조)
기억법 피1(차일피일)

답 ④

49 위험물안전관리법령상 제조소 또는 일반취급소
[17.05.문52] [11.10.문56] 에서 취급하는 제4류 위험물의 최대수량의 합이
지정수량의 24만배 이상 48만배 미만인 사업소의
관계인이 두어야 하는 화학소방자동차와 자체소
방대원의 수의 기준으로 옳은 것은? (단, 화재,
그 밖의 재난발생시 다른 사업소 등과 상호응원에
관한 협정을 체결하고 있는 사업소는 제외한다.)

① 화학소방자동차-2대, 자체소방대원의 수-10인
② 화학소방자동차-3대, 자체소방대원의 수-10인
③ 화학소방자동차-3대, 자체소방대원의 수-15인
④ 화학소방자동차-4대, 자체소방대원의 수-20인

해설 **위험물령 [별표 8]**
자체소방대에 두는 화학소방자동차 및 인원

구 분	화학소방자동차	자체소방대원의 수
지정수량 3천~12만배 미만	1대	5인
지정수량 12~24만배 미만	2대	10인
지정수량 24~48만배 미만 보기 ③	3대	15인
지정수량 48만배 이상	4대	20인
옥외탱크저장소에 저장하는 제4류 위험물의 최대수량이 지정수량의 50만배 이상	2대	10인

답 ③

50 소방기본법령상 화재, 재난·재해 그 밖의 위급한
사항이 발생한 경우 소방대가 현장에 도착할 때까
지 관계인의 소방활동에 포함되지 않는 것은?

① 불을 끄거나 불이 번지지 아니하도록 필요한 조치
② 소방활동에 필요한 보호장구 지급 등 안전을 위한 조치
③ 경보를 울리는 방법으로 사람을 구출하는 조치
④ 대피를 유도하는 방법으로 사람을 구출하는 조치

해설 ② **소방본부장·소방서장·소방대장**의 업무(기본법 24조)

기본법 20조
관계인의 소방활동
(1) 불을 끔 [보기 ①]
(2) 불이 번지지 않도록 조치 [보기 ①]
(3) 사람구출(경보를 울리는 방법) [보기 ③]
(4) 사람구출(대피유도 방법) [보기 ④]

답 ②

51 화재의 예방 및 안전관리에 관한 법령상 소방안
[21.03.문47] [19.09.문01] [18.04.문45] [14.09.문52] [14.03.문53] [13.06.문48] 전관리대상물의 소방안전관리자의 업무가 아닌 것은?

① 자위소방대의 구성·운영·교육
② 소방시설공사
③ 소방계획서의 작성 및 시행
④ 소방훈련 및 교육

해설 ② 소방시설공사 : 소방시설공사업체

화재예방법 24조 ⑤항
관계인 및 소방안전관리자의 업무

특정소방대상물 (관계인)	소방안전관리대상물 (소방안전관리자)
① 피난시설·방화구획 및 방화시설의 관리	① 피난시설·방화구획 및 방화시설의 관리
② 소방시설, 그 밖의 소방관련 시설의 관리	② 소방시설, 그 밖의 소방관련 시설의 관리
③ 화기취급의 감독	③ 화기취급의 감독
④ 소방안전관리에 필요한 업무	④ 소방안전관리에 필요한 업무
⑤ 화재발생시 초기대응	⑤ 소방계획서의 작성 및 시행(대통령령으로 정하는 사항 포함) [보기 ③]
	⑥ 자위소방대 및 초기대응체계의 구성·운영·교육 [보기 ①]
	⑦ 소방훈련 및 교육 [보기 ④]
	⑧ 소방안전관리에 관한 업무 수행에 관한 기록·유지
	⑨ 화재발생시 초기대응

용어

특정소방대상물	소방안전관리대상물
① 다수인이 출입하는 곳으로서 소방시설 설치장소 ② 건축물 등의 규모·용도 및 수용인원 등을 고려하여 소방시설을 설치하여야 하는 소방대상물로서 대통령령으로 정하는 것	① 특급, 1급, 2급 또는 3급 소방안전관리자를 배치하여야 하는 건축물 ② 대통령령으로 정하는 특정소방대상물

답 ②

★★★
52 위험물안전관리법령상 관계인이 예방규정을 정하여야 하는 제조소 등의 기준이 아닌 것은?

① 지정수량의 10배 이상의 위험물을 취급하는 제조소
② 지정수량의 200배 이상의 위험물을 저장하는 옥외탱크저장소
③ 지정수량의 50배 이상의 위험물을 저장하는 옥외저장소
④ 지정수량의 150배 이상의 위험물을 저장하는 옥내저장소

해설 ③ 50배 이상 → 100배 이상

위험물령 15조
예방규정을 정하여야 할 제조소 등

배 수	제조소 등
10배 이상	• **제**조소 보기 ① • **일**반취급소
100배 이상	• **옥외**저장소 보기 ③
150배 이상	• **옥내**저장소 보기 ④
200배 이상	• 옥외**탱**크저장소 보기 ②
모두 해당	• 이송취급소 • 암반탱크저장소

기억법 1 제일
      0 외
      5 내
      2 탱

※ **예방규정** : 제조소 등의 화재예방과 화재 등 재해발생시의 비상조치를 위한 규정

답 ③

★★
53 소방기본법령상 소방기관이 소방업무를 수행하는 데에 필요한 인력과 장비 등에 관한 기준은 어느 영으로 정하는가?

① 대통령령
② 행정안전부령
③ 시·도의 조례
④ 국토교통부장관령

해설 **기본법 8·9조**
(1) 소방력의 기준 : **행정안전부령**
(2) 소방장비 등에 대한 국고보조 기준 : **대통령령**

※ **소방력** : 소방기관이 소방업무를 수행하는 데 필요한 **인력**과 **장비**

답 ②

★★★
54 소방시설 설치 및 관리에 관한 법령에 따른 방염성능기준 이상의 실내장식물 등을 설치하여야 하는 특정소방대상물의 기준 중 틀린 것은?

① 체력단련장
② 11층 이상인 아파트
③ 종합병원
④ 노유자시설

해설 ② 아파트 제외

소방시설법 시행령 30조
방염성능기준 이상 적용 특정소방대상물
(1) 층수가 **11층 이상**인 것(아파트 제외 : 2026. 12. 1. 삭제) 보기 ②
(2) 체력단련장, 공연장 및 종교집회장 보기 ①
(3) 문화 및 집회시설
(4) 종교시설
(5) 운동시설(수영장은 제외)
(6) 의료시설(종합병원, 정신의료기관) 보기 ③
(7) 의원, 조산원, 산후조리원
(8) 교육연구시설 중 합숙소
(9) 노유자시설 보기 ④
(10) 숙박이 가능한 수련시설
(11) 숙박시설
(12) 방송국 및 촬영소
(13) 다중이용업소(단란주점영업, 유흥주점영업, 노래연습장의 영업장 등)

답 ②

★★★
55 위험물안전관리법령상 점포에서 위험물을 용기에 담아 판매하기 위하여 지정수량의 40배 이하의 위험물을 취급하는 장소의 취급소 구분으로 옳은 것은? (단, 위험물을 제조 외의 목적으로 취급하기 위한 장소이다.)

① 판매취급소
② 주유취급소
③ 일반취급소
④ 이송취급소

해설 **위험물령** 〔별표 3〕
위험물취급소의 구분

구 분	설 명
주유취급소	고정된 주유설비에 의하여 **자동차·항공기** 또는 **선박** 등의 연료탱크에 직접 주유하기 위하여 위험물을 취급하는 장소
판매취급소	**점포**에서 위험물을 용기에 담아 판매하기 위하여 지정수량의 **40배** 이하의 위험물을 취급하는 장소 보기 ① 기억법 판4(판사 검사)
이송취급소	배관 및 이에 부속된 설비에 의하여 위험물을 **이송**하는 장소
일반취급소	주유취급소·판매취급소·이송취급소 이외의 장소

답 ①

• 연면적 5천~3만m² 미만	중급감리원 이상 (기계 및 전기)
• 물분무등소화설비(호스릴 제외) 설치 • 제연설비 설치 • 연면적 3만~20만m² 미만(아파트)	고급감리원 이상 (기계 및 전기) / 초급감리원 이상 (기계 및 전기)
• 연면적 3만~20만m² 미만(아파트 제외) • 16~40층 미만(지하층 포함) 보기 ①	특급감리원 이상 (기계 및 전기) / 초급감리원 이상 (기계 및 전기)
• 연면적 20만m² 이상 • 40층 이상(지하층 포함)	특급감리원 중 소방기술사 / 초급감리원 이상 (기계 및 전기)

★★★
56
22.04.문59
15.09.문09
13.09.문52
13.06.문46
12.09.문46
12.05.문46
12.03.문44

소방시설 설치 및 관리에 관한 법령상 제조 또는 가공공정에서 방염처리를 한 물품 중 방염대상물품이 아닌 것은?
① 카펫
② 전시용 합판
③ 창문에 설치하는 커튼류
④ 두께 2mm 미만인 종이벽지

해설
④ 두께 2mm 미만인 종이벽지 → 두께 2mm 미만인 종이벽지 제외

소방시설법 시행령 31조
방염대상물품

제조 또는 가공 공정에서 방염처리를 한 물품	건축물 내부의 천장이나 벽에 부착하거나 설치하는 것
① 창문에 설치하는 커튼류(블라인드 포함) 보기 ③ ② 카펫 보기 ① ③ 벽지류(두께 2mm 미만인 종이벽지 제외) 보기 ④ ④ 전시용 합판·목재 또는 섬유판 보기 ② ⑤ 무대용 합판·목재 또는 섬유판 ⑥ 암막·무대막(영화상영관·가상체험 체육시설업의 스크린 포함) ⑦ 섬유류 또는 합성수지류 등을 원료로 하여 제작된 소파·의자(단란주점영업, 유흥주점영업 및 노래연습장업의 영업장에 설치하는 것만 해당)	① 종이류(두께 2mm 이상), 합성수지류 또는 섬유류를 주원료로 한 물품 ② 합판이나 목재 ③ 공간을 구획하기 위하여 설치하는 간이칸막이 ④ 흡음재(흡음용 커튼 포함) 또는 방음재(방음용 커튼 포함) ※ 가구류(옷장, 찬장, 식탁, 식탁용 의자, 사무용 책상, 사무용 의자, 계산대)와 너비 10cm 이하인 반자돌림대, 내부 마감재료 제외

답 ④

★★★
57
17.05.문54
17.03.문60
13.06.문55

소방시설공사업법령상 지하층을 포함한 층수가 16층 이상 40층 미만인 특정소방대상물의 소방시설 공사현장에 배치하여야 할 소방공사 책임감리원의 배치기준에서 ( ) 안에 들어갈 등급으로 옳은 것은?

행정안전부령으로 정하는 ( )감리원 이상의 소방공사감리원(기계분야 및 전기분야)

① 특급
② 중급
③ 고급
④ 초급

해설 **공사업령 [별표 4]**
소방공사감리원의 배치기준

공사현장	배치기준	
	책임감리원	보조감리원
• 연면적 5천m² 미만 • 지하구	초급감리원 이상 (기계 및 전기)	

비교
공사업령 [별표 2]
소방기술자의 배치기준

공사현장	배치기준
• 연면적 1천m² 미만	소방기술인정자격수첩 발급자
• 연면적 1천~5천m² 미만(아파트 제외) • 연면적 1천~1만m² 미만(아파트) • 지하구	초급기술자 이상 (기계 및 전기분야)
• 물분무등소화설비(호스릴 제외) 또는 제연설비 설치 • 연면적 5천~3만m² 미만(아파트 제외) • 연면적1만~20만m² 미만(아파트)	중급기술자 이상 (기계 및 전기분야)
• 연면적 3만~20만m² 미만(아파트 제외) • 16~40층 미만(지하층 포함)	고급기술자 이상 (기계 및 전기분야)
• 연면적 20만m² 이상 • 40층 이상(지하층 포함)	특급기술자 이상 (기계 및 전기분야)

답 ①

★★
58
17.09.문52
17.05.문57

소방시설 설치 및 관리에 관한 법률상 시·도지사는 소방시설관리업자에게 영업정지를 명하는 경우로서 그 영업정지가 국민에게 심한 불편을 주거나 그 밖에 공익을 해칠 우려가 있을 때에는 영업정지처분을 갈음하여 얼마 이하의 과징금을 부과할 수 있는가?
① 1000만원
② 2000만원
③ 3000만원
④ 5000만원

해설 소방시설법 36조, 위험물법 13조, 공사업법 10조
과징금

3000만원 이하 보기 ③	2억원 이하
• **소방시설관리업** 영업정지 처분 갈음	• **제조소** 사용정지처분 갈음 • **소방시설업** 영업정지처분 갈음

중요

소방시설업
(1) 소방시설설계업
(2) 소방시설공사업
(3) 소방공사감리업
(4) 방염처리업

답 ③

★★★
59 소방기본법 제1장 총칙에서 정하는 목적의 내용
21.09.문50
15.05.문50
13.06.문60
으로 거리가 먼 것은?

① 구조, 구급 활동 등을 통하여 공공의 안녕
및 질서유지

② 풍수해의 예방, 경계, 진압에 관한 계획, 예
산지원 활동

③ 구조, 구급 활동 등을 통하여 국민의 생명,
신체, 재산 보호

④ 화재, 재난, 재해 그 밖의 위급한 상황에서
의 구조, 구급 활동

해설 **기본법 1조**
소방기본법의 목적
(1) 화재의 **예방 · 경계 · 진압**
(2) 국민의 **생명 · 신체** 및 **재산보호** 보기 ③
(3) 공공의 안녕 및 질서유지와 **복리증진** 보기 ①
(4) **구조 · 구급활동** 보기 ④

기억법 **예경진**(**경진**이한테 **예**를 갖춰라!)

답 ②

★★★
60 소방용수시설 중 소화전과 급수탑의 설치기준으
19.03.문58
17.03.문54
16.10.문55
09.08.문43
로 틀린 것은?

① 급수탑 급수배관의 구경은 100mm 이상으로
할 것

② 소화전은 상수도와 연결하여 지하식 또는
지상식의 구조로 할 것

③ 소방용 호스와 연결하는 소화전의 연결금속
구의 구경은 65mm로 할 것

④ 급수탑의 개폐밸브는 지상에서 1.5m 이상
1.8m 이하의 위치에 설치할 것

해설 ④ 1.8m 이하 → 1.7m 이하

기본규칙 [별표 3]
소방용수시설별 설치기준

소화전	급수탑
• 65mm : 연결금속구의 구경	• 100mm : 급수배관의 구경 • 1.5~1.7m 이하 : 개폐밸브 높이

기억법 57탑(57층 탑)

답 ④

제4과목 소방기계시설의 구조 및 원리

★★
61 분말소화설비의 화재안전기준에 따라 분말소화약
20.09.문79
18.09.문78
제 가압식 저장용기는 최고사용압력의 몇 배 이하의
압력에서 작동하는 안전밸브를 설치해야 되는가?

① 0.8 ② 1.2
③ 1.8 ④ 2.0

해설 **분말소화약제**의 **저장용기 설치장소기준**(NFPC 108 4조)
(1) **방호구역 외**의 장소에 설치할 것(단, 방호구역 내에 설치할
경우에는 피난 및 조작이 용이하도록 피난구 부근에 설치)
(2) 온도가 **40℃** 이하이고, 온도변화가 적은 곳에 설치할 것
(3) 직사광선 및 빗물이 침투할 우려가 없는 곳에 설치할 것
(4) 방화문으로 구획된 실에 설치할 것
(5) 용기의 설치장소에는 해당용기가 설치된 곳임을 표지
하는 표지를 할 것
(6) 용기 간의 간격은 점검에 지장이 없도록 **3cm** 이상의
간격을 유지할 것
(7) 저장용기와 집합관을 연결하는 연결배관에는 **체크
밸브**를 설치할 것
(8) 주밸브를 개방하는 **정압작동장치** 설치
(9) 저장용기의 **충전비**는 **0.8** 이상

∥저장용기의 내용적∥

소화약제의 종별	소화약제 1kg당 저장용기의 내용적
제1종 분말(탄산수소나트륨을 주 성분으로 한 분말)	0.8L
제2종 분말(탄산수소칼륨을 주성 분으로 한 분말)	1L
제3종 분말(인산염을 주성분으 로 한 분말)	1L
제4종 분말(탄산수소칼륨과 요 소가 화합된 분말)	1.25L

⑽ 안전밸브의 설치

가압식	축압식
최고사용압력의 **1.8배** 이하 보기 ③	**내압시험압력**의 **0.8배** 이하

답 ③

★★★
62 이산화탄소소화설비의 화재안전기준상 이산화탄소소화설비의 배관설치기준으로 적합하지 않은 것은?

14.03.문72
07.09.문69

① 고압식의 경우 개폐밸브 또는 선택밸브의 1차측 배관부속은 호칭압력 4.0MPa 이상의 것을 사용할 것
② 동관 사용시 이음이 없는 동 및 동합금관으로서 고압식은 16.5MPa 이상의 압력에 견딜 수 있는 것
③ 배관의 호칭구경이 20mm 이하인 경우에는 스케줄 20 이상인 것을 사용할 것
④ 배관은 전용으로 할 것

 해설 ③ 스케줄 20 이상 → 스케줄 40 이상

이산화탄소소화설비의 배관

구분	고압식	저압식
강관	**스케줄 80**(호칭구경 20mm 이하 **스케줄 40**) 이상 보기③	스케줄 **40** 이상
동관	16.5MPa 이상 보기②	3.75MPa 이상
배관부속	• 1차측 배관부속 : **4MPa** 보기① • 2차측 배관부속 : **2MPa**	2MPa

• 배관은 **전용**일 것 보기④

답 ③

★★★
63 분말소화설비의 분말소화약제 1kg당 저장용기의 내용적 기준으로 틀린 것은?

20.09.문79
19.09.문69
16.10.문66
12.09.문80

① 제1종 분말 : 0.8L ② 제2종 분말 : 1.0L
③ 제3종 분말 : 1.0L ④ 제4종 분말 : 1.0L

해설 ④ 1.0L → 1.25L

분말소화약제

종별	소화약제	충전비 〔L/kg〕	적응 화재	비 고
제**1**종	중탄산나트륨 ($NaHCO_3$)	0.8	BC급	**식**용유 및 지방질유의 화재에 적합
제2종	중탄산칼륨 ($KHCO_3$)	1.0	BC급	–
제**3**종	인산암모늄 ($NH_4H_2PO_4$)		ABC급	**차**고 · **주**차장에 적합
제4종	중탄산칼륨+요소 ($KHCO_3+(NH_2)_2CO$)	1.25	BC급	–

기억법 1식분(일식 분식)
3분 차주(삼보컴퓨터 차주)

• 1kg당 저장용기의 내용적=충전비

답 ④

★
64 스프링클러설비의 화재안전기준에 따라 층수가 16층인 아파트 건축물에 각 세대마다 12개의 폐쇄형 스프링클러헤드를 설치하였다. 이때 소화펌프의 토출량은 몇 L/min 이상인가?

15.05.문71

① 800 ② 960
③ 1600 ④ 2400

해설 **스프링클러설비**의 **펌프**의 **토출량**(폐쇄형 헤드)

$$Q = N \times 80\,\text{L/min}$$

여기서, Q : 펌프의 토출량[L/min]
N : 폐쇄형 헤드의 기준개수(설치개수가 기준개수보다 적으면 그 설치개수)

‖폐쇄형 헤드의 기준개수‖

소방대상물		폐쇄형 헤드의 기준개수
지하가 · 지하역사		30
11층 이상		
10층 이하	공장, 창고(특수가연물)	
	복합건축물, 슈퍼마켓, 도 · 소매시장(백화점)	
10층 이하(8m 이상)		20
10층 이하(8m 미만), 아파트 →		10

펌프의 **토출량** Q는
$$Q = N \times 80\,\text{L/min} = 10개 \times 80\,\text{L/min} = 800\,\text{L/min}$$

비교

스프링클러설비의 **수원**의 **저수량**(폐쇄형 헤드)
$$Q = 1.6N(30{\sim}49층\ 이하 : 3.2N, 50층\ 이상 : 4.8N)$$

여기서, Q : 수원의 저수량[m³]
N : 폐쇄형 헤드의 기준개수(설치개수가 기준개수보다 적으면 그 설치개수)

답 ①

★★★
65 물분무소화설비의 화재안전기준상 물분무헤드를 설치하지 아니할 수 있는 장소의 기준 중 다음 (   ) 안에 알맞은 것은?

22.09.문68
21.09.문79
18.03.문73
17.09.문77
15.03.문76
14.09.문61
07.09.문72

운전시에 표면의 온도가 (   )℃ 이상으로 되는 등 직접 분무를 하는 경우 그 부분에 손상을 입힐 우려가 있는 기계장치 등이 있는 장소

① 160 ② 200
③ 260 ④ 300

 물분무헤드 설치제외 장소(NFTC 104 2.12)
(1) 물과 심하게 **반응**하는 **물질** 취급장소
(2) 물과 반응하여 **위험한 물질**을 **생성**하는 물질저장·취급장소
(3) **고온물질** 취급장소
(4) **표면온도 260℃** 이상 보기 ③

기억법 물표26(물표 이륙)

답 ③

66 다음 중 일반화재(A급 화재)에 적응성을 만족하지 못한 소화약제는?
18.04.문75
16.03.문80
① 포소화약제
② 강화액소화약제
③ 할론소화약제
④ 이산화탄소소화약제

해설 ④ 이산화탄소소화약제 : BC급 화재

소화기구 및 **자동소화장치**(NFTC 101 2.1.1.2)
일반화재(A급 화재)에 적응성이 있는 소화약제
(1) 할론소화약제 보기 ③
(2) 할로겐화합물 및 불활성기체 소화약제
(3) **인산염류**소화약제(분말)
(4) **산알칼리**소화약제
(5) 강화액소화약제 보기 ②
(6) 포소화약제 보기 ①
(7) 물·침윤소화약제
(8) **고체에어로졸**화합물
(9) 마른모래
(10) 팽창질석·팽창진주암

비교

전기화재(C급 화재)에 적응성이 있는 소화약제
(1) 이산화탄소소화약제 보기 ④
(2) 할론소화약제
(3) 할로겐화합물 및 불활성기체 소화약제
(4) 인산염류소화약제(분말)
(5) **중탄산염류**소화약제(분말)
(6) 고체에어로졸화합물

답 ④

67 건물 내의 제연계획으로 자연제연방식의 특징이 아닌 것은?
16.03.문68
14.09.문65
06.03.문12
① 기구가 간단하다.
② 연기의 부력을 이용하는 원리이므로 외부의 바람에 영향을 받지 않는다.
③ 건물 외벽에 제연구나 창문 등을 설치해야 하므로 건축계획에 제약을 받는다.
④ 고층건물은 계절별로 연돌효과에 의한 상하압력차가 달라 제연효과가 불안정하다.

해설 ② 영향을 받지 않는다. → 영향을 받는다.

자연제연방식의 특징
(1) **기구**가 간단하다. 보기 ①
(2) 외부의 **바람**에 영향을 받는다. 보기 ②
(3) 건물 외벽에 제연구나 창문 등을 설치해야 하므로 **건축계획**에 **제약**을 받는다. 보기 ③
(4) **고층건물**은 계절별로 연돌효과에 의한 상하압력차가 달라 **제연효과**가 **불안정**하다. 보기 ④

 중요

제연방식
(1) 자연제연방식 : **개구부** 이용
(2) 스모크타워 제연방식 : **루프모니터** 이용
(3) 기계제연방식 ─ 제1종 기계제연방식
: **송풍기＋제연기**
─ 제2종 기계제연방식 : **송풍기**
─ 제3종 기계제연방식 : **제연기**

|제3종 기계제연방식|

장점	단점
화재 초기에 화재실의 **내압**을 **낮추고** 연기를 다른 구역으로 누출시키지 않는다.	연기온도가 상승하면 기기의 **내열성**에 한계가 있다.

※ **자연제연방식** : 실의 상부에 설치된 **창** 또는 **전용 제연구**로부터 연기를 옥외로 배출하는 방식으로 전원이나 복잡한 장치가 필요하지 않으며, 평상시 **환기 겸용**으로 방재설비의 유휴화 방지에 이점이 있다.

답 ②

68 스프링클러설비의 화재안전기준상 고가수조를 이용한 가압송수장치의 설치기준 중 고가수조에 설치하지 않아도 되는 것은?
22.03.문69
15.09.문71
14.09.문66
12.03.문69
05.09.문70
① 수위계
② 배수관
③ 압력계
④ 오버플로우관

해설 ③ 압력수조에 설치

필요설비

고가수조	압력수조
① 수위계 보기①	① 수위계
② 배수관 보기②	② 배수관
③ 급수관	③ 급수관
④ 맨홀	④ 맨홀
⑤ **오버플로우관** 보기④	⑤ 급기관
	⑥ 압력계 보기③
	⑦ 안전장치
	⑧ **자동식 공기압축기**

기억법 고오(GO!)

답 ③

★★ 69
19.03.문70
13.09.문61
스프링클러설비의 화재안전기준상 건식 스프링클러설비에서 헤드를 향하여 상향으로 수평주행배관의 기울기가 최소 몇 이상이 되어야 하는가?

① 0
② $\frac{1}{250}$
③ $\frac{1}{500}$
④ $\frac{1}{1000}$

해설 기울기

기울기	설 비
$\frac{1}{100}$ 이상	연결살수설비의 수평주행배관
$\frac{2}{100}$ 이상	물분무소화설비의 배수설비
$\frac{1}{250}$ 이상	습식·부압식 설비 외 설비의 **가지배관**
$\frac{1}{500}$ 이상	습식·부압식 설비 외 설비의 **수평주행배관** 보기 ③

답 ③

★★★ 70
20.06.문66
18.04.문65
17.03.문73
15.03.문70
13.06.문61
10.03.문72
연결살수설비의 화재안전기준에 따른 건축물에 설치하는 연결살수설비의 헤드에 대한 기준 중 다음 ( ) 안에 알맞은 것은?

> 천장 또는 반자의 각 부분으로부터 하나의 살수헤드까지의 수평거리가 연결살수설비 전용헤드의 경우는 (㉠)m 이하, 스프링클러헤드의 경우는 (㉡)m 이하로 할 것. 다만, 살수헤드의 부착면과 바닥과의 높이가 (㉢)m 이하인 부분은 살수헤드의 살수분포에 따른 거리로 할 수 있다.

① ㉠ 3.7, ㉡ 2.3, ㉢ 2.1
② ㉠ 3.7, ㉡ 2.3, ㉢ 2.3
③ ㉠ 2.3, ㉡ 3.7, ㉢ 2.3
④ ㉠ 2.3, ㉡ 3.7, ㉢ 2.1

해설 **연결살수설비헤드**의 **수평거리**(NFPC 503 6조)

연결살수설비 전용헤드	스프링클러헤드
3.7m 이하 보기 ㉠	2.3m 이하 보기 ㉡

살수헤드의 부착면과 바닥과의 높이가 2.1m 이하인 부분에 있어서는 살수헤드의 살수분포에 따른 거리로 할 수 있다. 보기 ㉢

(1) 연결살수설비에서 하나의 송수구역에 설치하는 **개방형 헤드수는 10개** 이하

(2) 연결살수설비에서 하나의 송수구역에 설치하는 **단구형 살수헤드**수도 **10개** 이하

비교

연소방지설비 헤드 간의 수평거리	
연소방지설비 전용헤드	스프링클러헤드
2m 이하	1.5m 이하

답 ①

★ 71
스프링클러설비의 화재안전기준에 따른 스프링클러설비에 설치하는 음향장치 및 기동장치에 대한 설명으로 틀린 것은?

① 음향장치는 경종 또는 사이렌(전자식사이렌을 포함한다)으로 하되, 주위의 소음 및 다른 용도의 경보와 구별이 가능한 음색으로 할 것
② 준비작동식 유수검지장치 또는 일제개방밸브를 사용하는 설비에는 화재감지기의 감지에 따른 음향장치가 경보되도록 할 것
③ 습식 유수검지장치 또는 건식 유수검지장치를 사용하는 설비에 있어서는 헤드가 개방되면 유수검지장치가 화재신호를 발신하고 그에 따라 음향장치가 경보되도록 할 것
④ 음향장치는 정격전압의 90% 전압에서 음향을 발할 수 있는 것으로 할 것

해설 ④ 90% → 80%

음향장치의 구조 및 **성능기준**

• **스프링클러설비** 음향장치의 구조 및 성능기준 • **간이스프링클러설비** 음향장치의 구조 및 성능기준 • **화재조기진압용 스프링클러설비** 음향장치의 구조 및 성능기준	**자동화재탐지설비** 음향장치의 구조 및 성능기준	**비상방송설비** 음향장치의 구조 및 성능기준
① 정격전압의 80% 전압에서 음향을 발할 것 보기 ④ ② 음량은 1m 떨어진 곳에서 90dB 이상일 것	① **정격전압의 80%** 전압에서 음향을 발할 것 ② **음량**은 1m 떨어진 곳에서 **90dB 이상**일 것 ③ **감지기·발신기**의 작동과 **연동**하여 작동할 것	① 정격전압의 80% 전압에서 음향을 발할 것 ② 자동화재탐지설비의 작동과 연동하여 작동할 것

답 ④

★
72 소화기구 및 자동소화장치의 화재안전기준에 따라 옥내소화전설비가 설치된 특정소방대상물에서 소형소화기 감면기준은?

① 소화기의 2분의 1을 감소할 수 있다.
② 소화기의 4분의 3을 감소할 수 있다.
③ 소화기의 3분의 1을 감소할 수 있다.
④ 소화기의 3분의 2를 감소할 수 있다.

해설 **소화기의 감소기준**

감소대상	감소기준	적용설비
소형소화기	$\frac{1}{2}$	• 대형소화기
	$\frac{2}{3}$ 보기 ④	• 옥내·외소화전설비 • 스프링클러설비 • 물분무등소화설비

비교
대형소화기의 설치면제기준

면제대상	대체설비
대형소화기	• **옥내·외**소화전설비 • **스프링클러**설비 • **물분무등**소화설비

기억법 옥내외 스물대

답 ④

★★★
73 분말소화설비의 화재안전기준상 제1종 분말(탄산수소나트륨을 주성분으로 한 분말)의 경우 소화약제 1kg당 저장용기의 내용적은 몇 L인가?
20.09.문79
19.09.문69
16.10.문66
12.09.문80

① 0.5　　② 0.8
③ 1　　④ 1.25

해설 **분말소화약제**

종별	소화약제	충전비〔L/kg〕	적응화재	비 고
제**1**종	탄산수소나트륨 (NaHCO₃)	0.8	BC급	**식**용유 및 지방질유의 화재에 적합
제2종	탄산수소칼륨 (KHCO₃)	1.0	BC급	–
제**3**종	인산암모늄 (NH₄H₂PO₄)		ABC급	**차**고 · **주**차장에 적합
제4종	탄산수소칼륨+요소 (KHCO₃+(NH₂)₂CO)	1.25	BC급	

기억법 **1식분**(일식 분식)
3분 차주(삼보컴퓨터 차주)

• 1kg당 저장용기의 내용적=충전비

답 ②

★★★
74 스프링클러설비의 화재안전기준에 따라 폐쇄형 스프링클러헤드를 사용하는 설비 하나의 방호구역의 바닥면적은 몇 m²를 초과하지 않아야 하는가? (단, 격자형 배관방식은 제외한다.)
22.04.문80
19.09.문67
16.05.문63
10.05.문66

① 1000　　② 2000
③ 2500　　④ 3000

해설 **폐쇄형 설비의 방호구역 및 유수검지장치**(NFPC 103 6조, NFTC 103 2.3.1)
(1) 하나의 방호구역의 바닥면적은 **3000m²**를 초과하지 않을 것 보기 ④
(2) 하나의 방호구역에는 1개 이상의 유수검지장치 설치
(3) 하나의 방호구역은 **2개층**에 미치지 아니하도록 하되, 1개층에 설치되는 스프링클러헤드의 수가 **10개 이하** 및 **복층형** 구조의 공동주택에는 3개층 이내
(4) 유수검지장치는 바닥에서 **0.8~1.5m** 이하의 높이에 설치하여야 하며, 개구부가 가로 **0.5m** 이상 세로 **1m** 이상의 출입문을 설치하고 그 출입문 상단에 "유수검지장치실"이라고 표시한 표지 설치

답 ④

★★★
75 연결살수설비의 화재안전기준상 배관의 설치기준 중 하나의 배관에 부착하는 살수헤드의 개수가 7개인 경우 배관의 구경은 최소 몇 mm 이상으로 설치해야 하는가? (단, 연결살수설비 전용 헤드를 사용하는 경우이다.)
21.05.문67
17.03.문72
14.03.문73
13.03.문64

① 40　　② 50
③ 65　　④ 80

해설 **연결살수설비**(NFPC 503 5조)

배관의 구경	32mm	40mm	50mm	65mm	80mm
살수헤드 개수	1개	2개	3개	4개 또는 5개	6~10개 이하

기억법 80610살

답 ④

★★★
76 미분무소화설비의 화재안전기준상 용어의 정의 중 다음 ( ) 안에 알맞은 것은?
22.03.문78
20.09.문78
18.04.문72
17.05.문75

"미분무"란 물만을 사용하여 소화하는 방식으로 최소설계압력에서 헤드로부터 방출되는 물입자 중 99%의 누적체적분포가 (㉠)μm 이하로 분무되고 (㉡)급 화재에 적응성을 갖는 것을 말한다.

① ㉠ 400, ㉡ A, B, C
② ㉠ 400, ㉡ B, C
③ ㉠ 200, ㉡ A, B, C
④ ㉠ 200, ㉡ B, C

해설 미분무소화설비의 **용어정의**(NFPC 104A 3조)

용 어	설 명
미분무 소화설비	가압된 물이 헤드 통과 후 **미세**한 **입자**로 분무됨으로써 소화성능을 가지는 설비를 말하며, **소화력**을 **증가**시키기 위해 **강화액** 등을 첨가할 수 있다.
미분무	물만을 사용하여 소화하는 방식으로 최소 설계압력에서 헤드로부터 방출되는 물입자 중 **99%**의 누적체적분포가 $400\mu m$ 이하로 분무되고 **A, B, C급 화재**에 적응성을 갖는 것 보기 ①
미분무 헤드	**하나 이상**의 **오리피스**를 가지고 미분무 소화설비에 사용되는 헤드

답 ①

77 다음 중 불소, 염소, 브롬 또는 요오드 중 하나 이상의 원소를 포함하고 있는 유기화합물을 기본 성분으로 하는 할로겐화합물 소화약제가 아닌 것은?

19.09.문06

① HFC−227ea

② HCFC BLEND A

③ HFC−125

④ IG−541

해설 ④ 불활성기체 소화약제

할로겐화합물 및 **불활성기체** 소화약제의 **종류**

구 분	할로겐화합물 소화약제	불활성기체 소화약제
정의	**불소, 염소, 브롬** 또는 **요오드** 중 하나 이상의 원소를 포함하고 있는 유기화합물을 기본성분으로 하는 소화약제	**헬륨, 네온, 아르곤** 또는 **질소가스** 중 하나 이상의 원소를 기본성분으로 하는 소화약제
종류	① FC−3−1−10 ② HCFC BLEND A 보기② ③ HCFC−124 ④ HFC−125 보기③ ⑤ HFC−227ea 보기① ⑥ HFC−23 ⑦ HFC−236fa ⑧ FIC−13l1 ⑨ FK−5−1−12	① IG−01 ② IG−100 ③ IG−541 보기④ ④ IG−55
저장 상태	액체	기체
효과	부촉매효과 (연쇄반응 차단)	질식효과

답 ④

★★★ 78 소화용수설비의 저수조 소요수량이 120m³인 경우 채수구의 수는 몇 개인가?

20.06.문72
19.09.문63
18.04.문64
16.10.문77
15.09.문77
11.03.문68

① 1

② 2

③ 3

④ 4

해설 **채수구**의 **수**(NFPC 402 4조)

소화수조 소요수량	20~40m³ 미만	40~100m³ 미만	100m³ 이상
채수구의 수	1개	2개	3개 보기③

용어

채수구
소방대상물의 펌프에 의하여 양수된 물을 소방차가 흡입하는 구멍

비교

흡수관 투입구

소요수량	80m³ 미만	80m³ 이상
흡수관 투입구의 수	**1개** 이상	**2개** 이상

답 ③

★★★ 79 상수도소화용수설비의 화재안전기준상 소화전은 특정소방대상물의 수평투영면의 각 부분으로부터 몇 m 이하가 되도록 설치해야 하는가?

22.03.문70
21.03.문77
20.08.문68
19.04.문74
19.03.문69
18.04.문79
17.03.문64
14.03.문63
13.03.문61
07.03.문70

① 25

② 40

③ 75

④ 140

해설 **상수도소화용수설비**의 **기준**(NFPC 401 4조)

(1) 호칭지름

수도배관	소화전
75mm 이상	**100**mm 이상
기억법 수75(수지침 으로 치료)	기억법 소1(소일거리)

(2) 소화전은 소방자동차 등의 진입이 쉬운 **도로변** 또는 **공지**에 설치

(3) 소화전은 특정소방대상물의 수평투영면의 각 부분으로부터 **140m** 이하가 되도록 설치 보기④

기억법 용14

답 ④

80 할로겐화합물 및 불활성기체 소화설비의 화재안전기준에 따른 할로겐화합물 및 불활성기체 소화약제의 저장용기에 대한 기준으로 틀린 것은?

① 저장용기는 약제명·저장용기의 자체중량과 총중량·충전일시·충전압력 및 약제의 체적을 표시할 것

② 집합관에 접속되는 저장용기는 동일한 내용적을 가진 것으로 충전량 및 충전압력이 같도록 할 것

③ 저장용기에 충전량 및 충전압력을 확인할 수 있는 장치를 하는 경우에는 해당 소화약제에 적합한 구조로 할 것

④ 불활성기체 소화약제 저장용기의 약제량 손실이 10%를 초과할 경우에는 재충전하거나 저장용기를 교체할 것

 해설

④ 10% → 5%

할로겐화합물 및 불활성기체 소화약제 저장용기 설치기준(NFPC 107A 6조, NFTC 107A 2.3.1)

(1) **방호구역 외**의 장소에 설치할 것(단, 방호구역 내에 설치할 경우에는 피난 및 조작이 용이하도록 **피난구 부근**에 설치할 것)

(2) 온도가 **55℃** 이하이고 온도의 변화가 작은 곳에 설치할 것

(3) 직사광선 및 빗물이 침투할 우려가 없는 곳에 설치할 것

(4) **방화문**으로 구획된 실에 설치할 것

(5) 용기의 설치장소에는 해당 용기가 설치된 곳임을 표시하는 표지를 할 것

(6) 용기 간의 간격은 점검에 지장이 없도록 **3cm** 이상의 간격을 유지할 것

(7) 저장용기와 집합관을 연결하는 연결배관에는 **체크밸브**를 설치할 것(단, 저장용기가 하나의 방호구역만을 담당하는 경우는 제외)

(8) 저장용기는 약제명·저장용기의 자체중량과 **총중량·충전일시·충전압력** 및 **약제의 체적**을 표시할 것 보기 ①

(9) 집합관에 접속되는 저장용기는 **동일**한 **내용적**을 가진 것으로 충전량 및 충전압력이 같도록 할 것 보기 ②

(10) 저장용기에 **충전량** 및 **충전압력**을 확인할 수 있는 장치를 하는 경우에는 해당 소화약제에 적합한 구조로 할 것 보기 ③

(11) 저장용기의 **약제량 손실**이 **5%**를 초과하거나 **압력손실**이 **10%**를 초과할 경우에는 재충전하거나 저장용기를 교체할 것 보기 ④

답 ④

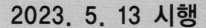

2023년 기사 제2회 필기시험 CBT 기출복원문제

수험번호	성명

자격종목	종목코드	시험시간	형별
소방설비기사(기계분야)		**2시간**	

※ 각 문항은 4지택일형으로 질문에 가장 적합한 보기 항을 선택하여 체크하여야 합니다.

제1과목   소방원론

01 자연발화가 일어나기 쉬운 조건이 아닌 것은?

'3.04.문19
2.05.문03

① 열전도율이 클 것
② 적당량의 수분이 존재할 것
③ 주위의 온도가 높을 것
④ 표면적이 넓을 것

해설

> ① 클 것 → 작을 것

자연발화 조건
(1) 열전도율이 작을 것 [보기 ①]
(2) 발열량이 클 것
(3) 주위의 온도가 높을 것 [보기 ③]
(4) 표면적이 넓을 것 [보기 ④]
(5) 적당량의 수분이 존재할 것 [보기 ②]

> **비교**
>
> **자연발화의 방지법**
> (1) 습도가 높은 곳을 피할 것(건조하게 유지할 것)
> (2) 저장실의 온도를 낮출 것
> (3) 통풍이 잘 되게 할 것
> (4) 퇴적 및 수납시 열이 쌓이지 않게 할 것 (**열 축적 방지**)
> (5) 산소와의 접촉을 차단할 것
> (6) **열전도성**을 좋게 할 것

답 ①

02 정전기로 인한 화재를 줄이고 방지하기 위한 대책 중 틀린 것은?

'2.04.문03
'1.09.문58
'3.06.문44
'2.09.문53

① 공기 중 습도를 일정값 이상으로 유지한다.
② 기기의 전기절연성을 높이기 위하여 부도체로 차단공사를 한다.
③ 공기 이온화 장치를 설치하여 가동시킨다.
④ 정전기 축적을 막기 위해 접지선을 이용하여 대지로 연결작업을 한다.

해설

> ② 도체 사용으로 전류가 잘 흘러가도록 해야 함

위험물규칙〔별표 4〕
정전기 제거방법
(1) **접지**에 의한 방법 [보기 ④]
(2) 공기 중의 상대습도를 **70%** 이상으로 하는 방법 [보기 ①]
(3) **공기**를 **이온화**하는 방법 [보기 ③]

> **비교**
>
> **위험물규칙〔별표 4〕**
> 위험물을 가압하는 설비 또는 그 취급하는 위험물의 압력이 상승할 우려가 있는 설비에 설치하는 안전장치
> (1) 자동적으로 **압력**의 **상승**을 **정지**시키는 장치
> (2) 감압측에 **안전밸브**를 부착한 **감압밸브**
> (3) **안전밸브**를 겸하는 **경보장치**
> (4) 파괴판

답 ②

03 건축물의 피난·방화구조 등의 기준에 관한 규칙상 방화구획의 설치기준 중 스프링클러를 설치한 10층 이하의 층은 바닥면적 몇 m² 이내마다 방화구획을 구획하여야 하는가?

'22.03.문11
'19.03.문15
'18.04.문04

① 1000   ② 1500
③ 2000   ④ 3000

해설

> ④ 스프링클러소화설비를 설치했으므로 1000m²× 3배=3000m²

건축령 46조, 피난·방화구조 14조
방화구획의 기준

대상 건축물	대상 규모	층 및 구획방법		구획부분의 구조
주요 구조부가 내화구조 또는 불연재료 로 된 건축물	연면적 1000m² 넘는 것	10층 이하	• 바닥면적 **1000m²** 이 내마다	• 내화구조로 된 바닥·벽 • 60분＋방화 문, 60분 방 화문 • 자동방화셔터
		매 층 마다	• 지하 1층에서 지상으로 직 접 연결하는 경사로 부위 는 제외	
		11층 이상	• 바닥면적 **200m²** 이 내마다(실내 마감을 불연 재료로 한 경 우 **500m²** 이내마다)	

- **스프링클러**, 기타 이와 유사한 **자동식 소화설비**를 설치한 경우 바닥면적은 위의 **3배** 면적으로 산정한다.

　문제 7

- **필로티**나 그 밖의 비슷한 구조의 부분을 주차장으로 사용하는 경우 그 부분은 건축물의 다른 부분과 구획할 것

답 ④

04 다음은 위험물의 정의이다. 다음 (　) 안에 알맞은 것은?

13.03.문47

"위험물"이라 함은 (㉠) 또는 발화성 등의 성질을 가지는 것으로서 (㉡)이 정하는 물품을 말한다.

① ㉠ 인화성, ㉡ 국무총리령
② ㉠ 휘발성, ㉡ 국무총리령
③ ㉠ 휘발성, ㉡ 대통령령
④ ㉠ 인화성, ㉡ 대통령령

해설 **위험물법 2조**
"**위험물**"이라 함은 **인화성** 또는 **발화성** 등의 성질을 가지는 것으로서 **대통령령**이 정하는 물품

답 ④

05 화재강도(fire intensity)와 관계가 없는 것은?

19.09.문19
15.05.문01

① 가연물의 비표면적
② 발화원의 온도
③ 화재실의 구조
④ 가연물의 발열량

해설 **화재강도**(fire intensity)에 영향을 미치는 인자
(1) 가연물의 비표면적
(2) 화재실의 구조
(3) 가연물의 배열상태(발열량)

　용어

화재강도
열의 집중 및 방출량을 상대적으로 나타낸 것. 즉, **화재**의 **온도**가 높으면 화재강도는 커진다(발화원의 온도가 아님).

답 ②

06 소화약제로 물을 사용하는 주된 이유는?

19.04.문04
18.03.문19
15.05.문04
99.08.문06

① 촉매역할을 하기 때문에
② 증발잠열이 크기 때문에
③ 연소작용을 하기 때문에
④ 제거작용을 하기 때문에

해설 **물**의 소화능력
(1) **비열**이 크다.
(2) **증발잠열**(기화잠열)이 크다.

(3) 밀폐된 장소에서 증발가열하면 수증기에 의해서 **산소희석작용** 또는 질식소화작용을 한다.
(4) **무상**으로 주수하면 **중질유 화재**에도 사용할 수 있다.

　참고

물이 **소화약제**로 많이 쓰이는 이유	
장 점	단 점
① 쉽게 구할 수 있다.	① 가스계 소화약제에 비해 사용 후 **오염**이 **크다**.
② 증발잠열(기화잠열)이 크다.	② 일반적으로 **전기화재**에는 **사용**이 **불가**하다.
③ 취급이 간편하다.	

답 ②

07 건축물에 설치하는 방화구획의 설치기준 중 스프링클러설비를 설치한 11층 이상의 층은 바닥면적 몇 m² 이내마다 방화구획을 하여야 하는가? (단, 벽 및 반자의 실내에 접하는 부분의 마감은 불연재료가 아닌 경우이다.)

19.03.문15
18.04.문04

① 200
② 600
③ 1000
④ 3000

해설 ② 스프링클러설비를 설치했으므로 $200\text{m}^2 \times 3$배 $= 600\text{m}^2$

답 ②

08 탄산가스에 대한 일반적인 설명으로 옳은 것은?

14.03.문16
10.09.문14

① 산소와 반응시 흡열반응을 일으킨다.
② 산소와 반응하여 불연성 물질을 발생시킨다.
③ 산화하지 않으나 산소와는 반응한다.
④ 산소와 반응하지 않는다.

해설 **가연물이 될 수 없는 물질**(불연성 물질)

특 징	불연성 물질
주기율표의 0족 원소	• 헬륨(He) • 네온(Ne) • 아르곤(Ar) • 크립톤(Kr) • 크세논(Xe) • 라돈(Rn)
산소와 더 이상 반응하지 않는 물질	• 물(H_2O) • **이산화탄소(CO_2)** • 산화알루미늄(Al_2O_3) • 오산화인(P_2O_5)
흡열반응 물질	질소(N_2)

- 탄산가스=이산화탄소(CO_2)

답 ④

★★★ 09 할론(Halon) 1301의 분자식은?

19.09.문07
17.03.문05
16.10.문08
15.03.문04
14.09.문04
14.03.문02

① CH_3Cl

② CH_3Br

③ CF_3Cl

④ CF_3Br

해설 할론소화약제의 약칭 및 분자식

종 류	약 칭	분자식
할론 1011	CB	CH_2ClBr
할론 104	CTC	CCl_4
할론 1211	BCF	CF_2ClBr
할론 1301	BTM	CF_3Br 보기 ④
할론 2402	FB	$C_2F_4Br_2$

답 ④

★ 10 소화약제로서 물 1g이 1기압, 100℃에서 모두 증기로 변할 때 열의 흡수량은 몇 cal인가?

21.03.문20
18.03.문06
17.03.문08
14.09.문04
13.09.문09
13.06.문18
10.09.문20

① 429

② 499

③ 539

④ 639

해설
③ 물의 기화잠열 539cal : 1기압 100℃의 물 1g이 모두 기체로 변화하는 데 539cal의 열량이 필요

물(H2O)

기화잠열(증발잠열)	융해잠열
539cal/g 보기 ③	80cal/g
① 100℃의 물 1g이 수증기로 변화하는 데 필요한 열량 ② 물 1g이 1기압, 100℃에서 모두 증기로 변할 때 열의 흡수량	0℃의 얼음 1g이 물로 변화하는 데 필요한 열량

기억법 기53, 융8

답 ③

★★ 11 소화약제인 IG-541의 성분이 아닌 것은?

20.09.문07
19.09.문06

① 질소

② 아르곤

③ 헬륨

④ 이산화탄소

해설
③ 해당 없음

불활성기체 소화약제

구 분	화학식
IG-01	• Ar(아르곤)
IG-100	• N_2(질소)
IG-541	• N_2(질소) : 52% 보기 ① • Ar(아르곤) : 40% 보기 ② • CO_2(이산화탄소) : 8% 보기 ④ 기억법 NACO(내코) 5240
IG-55	• N_2(질소) : 50% • Ar(아르곤) : 50%

답 ③

★★★ 12 이산화탄소의 증기비중은 약 얼마인가? (단, 공기의 분자량은 29이다.)

20.06.문13
19.03.문18
16.03.문01
15.03.문05
14.09.문15
12.09.문18
07.05.문17

① 0.81

② 1.52

③ 2.02

④ 2.51

해설 (1) 증기비중

$$증기비중 = \frac{분자량}{29}$$

여기서, 29 : 공기의 평균 분자량

(2) 분자량

원 소	원자량
H	1
C	12
N	14
O	16

이산화탄소(CO_2) 분자량 = 12 + 16 × 2 = 44

증기비중 = $\frac{44}{29}$ ≒ 1.52

• 증기비중 = 가스비중

중요

이산화탄소의 물성

구 분	물 성
임계압력	72.75atm
임계온도	31.35℃(약 31.1℃)
3중점	-56.3℃(약 -56℃)
승화점(비점)	-78.5℃
허용농도	0.5%
증기비중	1.529
수분	0.05% 이하(함량 99.5% 이상)

기억법 이356, 이비78, 이증15

답 ②

★ 13 다음 중 가연성 물질에 해당하는 것은?

14.03.문08

① 질소

② 이산화탄소

③ 아황산가스

④ 일산화탄소

해설 **가연성 물질과 지연성 물질**

가연성 물질	지연성 물질(조연성 물질)
• **수**소 • **메**탄 • **일**산화탄소 보기 ④ • **천**연가스 • **부**탄 • **에**탄	• 산소 • 공기 • 염소 • 오존 • 불소

기억법 가수메 일천부에

용어

가연성 물질과 지연성 물질

가연성 물질	지연성 물질(조연성 물질)
물질 자체가 연소하는 것	자기 자신은 연소하지 않지만 연소를 도와주는 것

답 ④

★★★
14 가연성 액체로부터 발생한 증기가 액체표면에서 연소범위의 하한계에 도달할 수 있는 최저온도를 의미하는 것은?
14.09.문05
14.05.문15
11.06.문05
① 비점
② 연소점
③ 발화점
④ 인화점

해설 **발화점, 인화점, 연소점**

구 분	설 명
발화점 (ignition point)	• 가연성 물질에 불꽃을 접하지 아니하였을 때 연소가 가능한 **최저온도** • 점화원 **없이** 스스로 불이 붙는 **최저온도**
인화점 (flash point)	• 휘발성 물질에 **불꽃**을 접하여 연소가 가능한 **최저온도** • 가연성 증기를 발생하는 액체가 공기와 혼합하여 기상부에 다른 불꽃이 닿았을 때 연소가 일어나는 **최저온도** • **점화원**에 의해 불이 붙는 **최저온도** • 연소범위의 **하**한계 보기 ④ **기억법** 불인하(**불임하**면 안돼!)
연소점 (fire point)	• 인화점보다 **10℃** 높으며 연소를 **5초** 이상 지속할 수 있는 온도 • 어떤 인화성 액체가 공기 중에서 열을 받아 점화원의 존재하에 **지**속적인 연소를 일으킬 수 있는 온도 • 가연성 액체에 점화원을 가져가서 인화된 후에 점화원을 제거하여도 가연물이 **계**속 연소되는 **최저온도** **기억법** 연105초지계

답 ④

★★★
15 유류탱크의 화재시 탱크 저부의 물이 뜨거운 열류층에 의하여 수증기로 변하면서 급작스런 부피팽창을 일으켜 유류가 탱크 외부로 분출하는 현상을 무엇이라고 하는가?
20.06.문10
17.05.문04
① 보일오버
② 슬롭오버
③ 브레이브
④ 파이어볼

해설 **유류탱크, 가스탱크**에서 **발생**하는 **현상**

구 분	설 명
블래비=블레비 (BLEVE)	• 과열상태의 탱크에서 내부의 액화가스가 분출하여 기화되어 폭발하는 현상
보일오버 (boil over)	• 중질유의 석유탱크에서 장시간 조용히 연소하다 탱크 내의 잔존기름이 갑자기 분출하는 현상 • 유류탱크에서 **탱크바닥**에 **물**과 기름의 **에멀션**이 섞여 있을 때 이로 인하여 화재가 발생하는 현상 • 연소유면으로부터 100℃ 이상의 열파가 **탱크 저부**에 고여 있는 물을 비등하게 하면서 연소유를 탱크 밖으로 비산시키며 연소하는 현상 보기 ①
오일오버 (oil over)	• 저장탱크에 저장된 유류저장량이 내용적의 **50%** 이하로 충전되어 있을 때 화재로 인하여 탱크가 폭발하는 현상
프로스오버 (froth over)	• 물이 점성의 뜨거운 기름표면 아래에서 끓을 때 화재를 수반하지 않고 용기가 넘치는 현상
슬롭오버 (slop over)	• **유류탱크 화재시** 기름 표면에 물을 실수하면 **기름**이 **탱크** 밖으로 **비산**하여 화재가 확대되는 현상(연소유가 비산되어 탱크 외부까지 화재가 확산) • 물이 연소유의 뜨거운 표면에 들어갈 때 기름 표면에서 화재가 발생하는 현상 • 유화제로 소화하기 위한 물이 수분의 급격한 증발에 의하여 액면이 거품을 일으키면서 열유층 밑의 냉유가 급히 열팽창하여 기름의 일부가 불이 붙은 채 탱크벽을 넘어서 일출하는 현상 • 연소면의 온도가 100℃ 이상일 때 을 주수하면 발생 • 소화시 외부에서 방사하는 포에 의해 발생

답 ①

★★★
16 프로판가스의 연소범위[vol%]에 가장 가까운 것은?
19.09.문09
14.09.문16
12.03.문12
10.09.문02
① 9.8~28.4
② 2.5~81
③ 4.0~75
④ 2.1~9.5

해설 (1) **공기 중의 폭발한계**

가 스	하한계 (하한점, [vol%])	상한계 (상한점, [vol%])
아세틸렌(C_2H_2)	2.5	81
수소(H_2)	4	75
일산화탄소(CO)	12	75
에테르($C_2H_5OC_2H_5$)	1.7	48
이황화탄소(CS_2)	1	50
에틸렌(C_2H_4)	2.7	36
암모니아(NH_3)	15	25
메탄(CH_4)	5	15
에탄(C_2H_6)	3	12.4
프로판(C_3H_8) 보기 ④ →	2.1	9.5
부탄(C_4H_{10})	1.8	8.4

(2) **폭발한계**와 **같은 의미**
 ㉠ 폭발범위
 ㉡ 연소한계
 ㉢ 연소범위
 ㉣ 가연한계
 ㉤ 가연범위

답 ④

★★★
17 다음 중 제거소화 방법과 무관한 것은?

22.04.문12
19.09.문05
19.04.문18
17.03.문16
16.10.문07
16.03.문12
14.05.문11
13.03.문01
11.03.문04
08.09.문17

① 산불의 확산방지를 위하여 산림의 일부를 벌채한다.
② 화학반응기의 화재시 원료 공급관의 밸브를 잠근다.
③ 유류화재시 가연물을 포(泡)로 덮는다.
④ 유류탱크 화재시 주변에 있는 유류탱크의 유류를 다른 곳으로 이동시킨다.

해설 ③ **질식소화** : 포 사용

제거소화의 예
(1) **가연성 기체** 화재시 **주밸브**를 **차단**한다(화학반응기의 화재시 원료공급관의 **밸브**를 **잠금**). 보기 ②
(2) **가연성 액체** 화재시 펌프를 이용하여 **연료**를 제거한다.
(3) **연료탱크**를 **냉각**하여 가연성 가스의 발생속도를 작게 하여 연소를 억제한다.
(4) 금속화재시 **불활성 물질**로 가연물을 덮는다.
(5) **목재**를 **방염처리**한다.
(6) 전기화재시 **전원**을 **차단**한다.
(7) 산불이 발생하면 화재의 진행방향을 앞질러 **벌목**한다(산불의 확산방지를 위하여 **산림의 일부**를 **벌채**). 보기 ①
(8) 가스화재시 **밸브**를 **잠가** 가스흐름을 차단한다(가스 화재시 중간밸브를 잠금).

(9) 불타고 있는 장작더미 속에서 아직 타지 않은 것을 안전한 곳으로 **운반**한다.
(10) 유류탱크 화재시 주변에 있는 유류탱크의 유류를 다른 곳으로 이동시킨다. 보기 ④
(11) 양초를 입으로 불어서 끈다.

용어
> **제거효과**
> 가연물을 반응계에서 제거하든지 또는 반응계로의 공급을 정지시켜 소화하는 효과

답 ③

★★★
18 분말소화약제 중 A급, B급, C급에 모두 사용할 수 있는 것은?

19.03.문01
18.04.문06
17.03.문04
16.10.문06
16.10.문10
16.05.문15
16.03.문09
16.03.문11
15.05.문08
14.05.문17
12.03.문13

① 제1종 분말
② 제2종 분말
③ 제3종 분말
④ 제4종 분말

해설 **분말소화기**(질식효과)

종 별	소화약제	약제의 착색	화학반응식	적응 화재
제1종	탄산수소 나트륨 ($NaHCO_3$)	백색	$2NaHCO_3 \rightarrow Na_2CO_3+CO_2+H_2O$	BC급
제2종	탄산수소 칼륨 ($KHCO_3$)	담자색 (담회색)	$2KHCO_3 \rightarrow K_2CO_3+CO_2+H_2O$	BC급
제3종 보기③	인산암모늄 ($NH_4H_2PO_4$)	담홍색	$NH_4H_2PO_4 \rightarrow HPO_3+NH_3+H_2O$	**AB C급**
제4종	탄산수소 칼륨+요소 ($KHCO_3+$ $(NH_2)_2CO$)	회(백)색	$2KHCO_3+$ $(NH_2)_2CO \rightarrow$ K_2CO_3+ $2NH_3+2CO_2$	BC급

• 탄산수소나트륨=중탄산나트륨
• 탄산수소칼륨=중탄산칼륨
• 제1인산암모늄=인산암모늄=인산염
• 탄산수소칼륨+요소=중탄산칼륨+요소

답 ③

★★★
19 휘발유 화재시 물을 사용하여 소화할 수 없는 이유로 가장 옳은 것은?

20.06.문14
16.10.문19
13.06.문19

① 인화점이 물보다 낮기 때문이다.
② 비중이 물보다 작아 연소면이 확대되기 때문이다.
③ 수용성이므로 물에 녹아 폭발이 일어나기 때문이다.
④ 물과 반응하여 수소가스를 발생하기 때문이다.

해설 **주수소화**(물소화)시 **위험**한 **물질**

구 분	현 상
• 무기과산화물	산소 발생
• **금**속분 • **마**그네슘 • 알루미늄 • 칼륨 • 나트륨 • 수소화리튬 • **부틸리튬**	**수소** 발생
• 가연성 액체(휘발유)의 유류화재	**연소면**(화재면) 확대 보기 ②

기억법 **금마수**

답 ②

20 다음 중 가연성 가스가 아닌 것은?

22.09.문20
21.03.문08
20.09.문20
17.03.문07
16.10.문03
16.03.문04
14.05.문10
12.09.문08
11.10.문02

① 메탄
② 수소
③ 산소
④ 암모니아

해설 ③ 산소 : 지연성 가스

가연성 가스와 **지연성 가스**

가연성 가스	지연성 가스(**조연성 가스**)
• **수소** 보기 ② • **메**탄 보기 ① • **일**산화탄소 • **천**연가스 • **부**탄 • **에**탄 • **암**모니아 보기 ④ • **프**로판	• **산**소 • **공**기 • **염**소 • **오**존 • **불**소 기억법 **조산공 염불오**

기억법 **가수일천 암부 메에프**

🌱 용어

가연성 가스와 **지연성 가스**

가연성 가스	지연성 가스(조연성 가스)
물질 자체가 연소하는 것	자기 자신은 연소하지 않지만 연소를 도와주는 가스

답 ③

제 2 과목   **소방유체역학**

21 관 A에는 물이, 관 B에는 비중 0.9의 기름이 흐르고 있으며 그 사이에 마노미터 액체는 비중이 13.6인 수은이 들어 있다. 그림에서 $h_1 = 120$mm, $h_2 = 180$mm, $h_3 = 300$mm일 때 두 관의 압력차 $(P_A - P_B)$는 약 몇 kPa인가?

20.06.문38
19.03.문24
18.03.문37
15.09.문26
10.03.문35

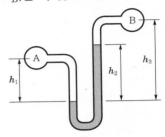

① 33.4
② 18.4
③ 12.3
④ 23.9

해설 (1) **기호**

- s_1 : 1(물이므로)
- s_3 : 0.9
- s_2 : 13.6
- h_1 : 120mm = 0.12m(1000mm=1m)
- h_2 : 180mm = 0.18m(1000mm=1m)
- h_3' : $(h_3 - h_2) = (300 - 180)$mm
   = 120mm
   = 0.12m(1000mm=1m)
- $P_A - P_B$: ?

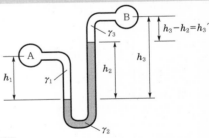

(2) **비중**

$$s = \frac{\gamma}{\gamma_w}$$

여기서, s : 비중
   γ : 어떤 물질의 비중량[kN/m³]
   γ_w : 물의 비중량(9.8kN/m³)

물의 비중량 $s_1 = 9.8$kN/m³
기름의 비중량 γ_3는
$\gamma_3 = s_3 \times \gamma_w = 0.9 \times 9.8$kN/m³ = 8.82kN/m³
수은의 비중량 γ_2는
$\gamma_2 = s_2 \times \gamma_w = 13.6 \times 9.8$kN/m³ = 133.28kN/m³

(3) 압력차

$$P_A + \gamma_1 h_1 - \gamma_2 h_2 - \gamma_3 h_3{}' = P_B$$
$$P_A - P_B = -\gamma_1 h_1 + \gamma_2 h_2 + \gamma_3 h_3{}'$$
$$= -9.8\text{kN/m}^3 \times 0.12\text{m} + 133.28\text{kN/m}^3$$
$$\times 0.18\text{m} + 8.82\text{kN/m}^3 \times 0.12\text{m}$$
$$≒ 23.87 ≒ 23.9\text{kN/m}^2$$
$$= 23.9\text{kPa}(1\text{kN/m}^2 = 1\text{kPa})$$

> **중요**
> **시차액주계의 압력계산방법**
> 점 A를 기준으로 내려가면 더하고, 올라가면 빼면 된다.

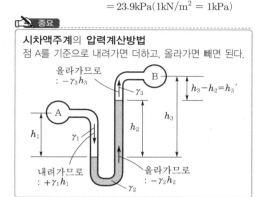

답 ④

---

(2) 이상적인 카르노사이클의 특징
ⓐ 가역사이클이다.
ⓑ 공급열량과 방출열량의 비는 고온부의 절대온도와 저온부의 절대온도비와 같다.
ⓒ 이론 효율은 **고열원** 및 **저열원**의 온도만으로 표시된다.
ⓓ 두 개의 **등온변화**와 두 개의 **단열변화**로 둘러싸인 사이클이다.

(3) 카르노사이클의 순서

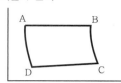

등온팽창	단열팽창	등온압축	단열압축
(A → B)	(B → C)	(C → D)	(D → A)

> **용어**
>
> | 엔트로피 | 엔탈피 |
> |---|---|
> | 어떤 물질의 정렬상태를 나타내는 수치 | 어떤 물질이 가지고 있는 총에너지 |

답 ③

---

22 주어진 물리량의 단위로 옳지 않은 것은?
13.03.문30
① 펌프의 양정 : m ② 동압 : MPa
③ 속도수두 : m/s ④ 밀도 : kg/m³

해설 물리량의 단위

물리량	단 위
펌프의 양정	m 보기 ①
동압	MPa 보기 ②
속도수두	m
속도	m/s
가속도	m/s²
밀도	kg/m³ 보기 ④

답 ③

---

23 이상적인 열기관 사이클인 카르노사이클(Carnot
19.03.문27 cycle)의 특징으로 맞는 것은?
16.05.문39
13.03.문31 ① 비가역 사이클이다.
② 공급열량과 방출열량의 비는 고온부의 절대온도와 저온부의 절대온도비와 같지 않다.
③ 이론 열효율은 고열원 및 저열원의 온도만으로 표시된다.
④ 두 개의 등압 변화와 두 개의 단열 변화로 둘러싸인 사이클이다.

해설 카르노사이클
(1) 이상적인 카르노사이클

단열압축	등온압축
엔트로피 변화가 없다.	엔트로피 변화는 **감소**한다.

---

24 그림과 같이 바닥면적이 4m²인 어느 물탱크에 차있는 물의 수위가 4m일 때 탱크의 바닥이 받는 물에 의한 힘[kN]은?

① 156.8
② 15.68
③ 39.1
④ 3.91

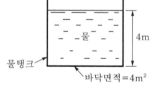

해설 (1) 기호
> • V : 4m² × 4m = 16m³
> • F : ?

(2) 힘
> $$F = \gamma V$$

여기서, F : 힘[N]
γ : 비중량(물의 비중량 9.8kN/m³)
V : 체적[m³]
힘 F는
$$F = \gamma V = 9.8\text{kN/m}^3 \times 16\text{m}^3 = 156.8\text{kN}$$

답 ①

---

25 터보기계 해석에 사용되는 속도 삼각형에 직접
13.09.문32 포함되지 않는 것은?
12.09.문37
① 날개속도 : U
② 날개에 대한 상대속도 : W
③ 유체의 실제속도 : V
④ 날개의 각속도 : ω

해설 터보기계 해석에 사용되는 속도 삼각형에 직접 포함되는 것
(1) 날개속도 : U 보기 ①
(2) 날개에 대한 상대속도 : W 보기 ②
(3) 유체의 실제속도 : V 보기 ③

 중요

펌프의 성능해석에 사용되는 속도 삼각형

$$\vec{V} = \vec{W} + \vec{U}$$

여기서, $\vec{V}$: 절대속도(펌프로 유입되는 물의 속도)[m/s]
$\vec{W}$: 상대속도[m/s]
$\vec{U}$: 날개(원주)속도[m/s]

답 ④

★★★
26 안지름 19mm인 옥외소화전 노즐로 방수량을 측정하기 위하여 노즐 출구에서의 방수압을 측정한 결과 압력계가 608kPa로 측정되었다. 이때 방수량[m³/min]은?

22.09.문28
21.03.문37
19.09.문29

① 0.891 ② 0.435
③ 0.742 ④ 0.593

해설 (1) 기호

• D : 19mm=0.019m(1000mm=1m)
• P : 608kPa=$\dfrac{608\text{kPa}}{101.325\text{kPa}}\times1.0332\text{m}=61.997\text{m}$
• 표준대기압
  1atm=760mmHg=1.0332kg$_f$/cm²
  =10.332mH₂O(mAq)=10.332m
  =14.7PSI(lb$_f$/in²)
  =101.325kPa(kN/m²)
  =1013mbar
• Q : ?

(2) 토리첼리의 식

$$V = \sqrt{2gH}$$

여기서, V : 유속[m/s]
g : 중력가속도(9.8m/s²)
H : 높이[m]

유속 V는
$V = \sqrt{2gH}$
$= \sqrt{2\times9.8\text{m/s}^2\times61.997\text{m}} = 34.858\text{m/s}$

(3) 유량(flowrate, 체적유량, 용량유량)

$$Q = AV = \left(\dfrac{\pi D^2}{4}\right)V$$

여기서, Q : 유량[m³/s]
A : 단면적[m²]

V : 유속[m/s]
D : 직경(안지름)[m]

유량 Q는

$Q = \dfrac{\pi D^2}{4}V$

$= \dfrac{\pi\times(0.019)^2}{4}\times34.858\text{m/s}$

$= 9.883\times10^{-3}\text{m}^3/\text{s}$

$= 9.883\times10^{-3}\text{m}^3/\dfrac{1}{60}\text{min}$

$= (9.883\times10^{-3}\times60)\text{m}^3/\text{min}$

$= 0.593\text{m}^3/\text{min}$

별해

(1) 기호

• D : 19mm
• P : 608kPa=0.608MPa
  (1000kPa=1MPa)
• Q : ?

(2) 방수량

$$Q = 0.653D^2\sqrt{10P} = 0.6597CD^2\sqrt{10P}$$

여기서, Q : 방수량[L/min]
C : 유량계수(노즐의 흐름계수)
D : 내경[mm]
P : 방수압력[MPa]

방수량 Q는
$Q = 0.653D^2\sqrt{10P}$
$= 0.653\times(19\text{mm})^2\times\sqrt{10\times0.608\text{MPa}}$
$≒ 581\text{L/min}$
$= 0.581\text{m}^3/\text{min}(1000\text{L}=1\text{m}^3)$

• 여기서는 근접한 ④ 0.593m³/min이 답

답 ④

★★★
27 운동량의 차원을 MLT계로 옳게 나타낸 것은? (단, M은 질량, L은 길이, T는 시간을 나타낸다.)

22.04.문31
21.05.문30
19.04.문40
17.05.문40
16.05.문25

① MLT^{-1} ② MLT
③ MLT^2 ④ MLT^{-2}

해설

차 원	중력단위[차원]	절대단위[차원]
길이	m[L]	m[L]
시간	s[T]	s[T]
운동량	N·s[FT]	kg·m/s[MLT^{-1}] 보기 ①
힘	N[F]	kg·m/s²[MLT^{-2}]
속도	m/s[LT^{-1}]	m/s[LT^{-1}]
가속도	m/s²[LT^{-2}]	m/s²[LT^{-2}]
질량	N·s²/m[FL^{-1}T²]	kg[M]
압력	N/m²[FL^{-2}]	kg/m·s²[ML^{-1}T^{-2}]

밀도	N·s²/m⁴[FL⁻⁴T²]	kg/m³[ML⁻³]
비중	무차원	무차원
비중량	N/m³[FL⁻³]	kg/m²·s²[ML⁻²T⁻²]
비체적	m⁴/N·s²[F⁻¹L⁴T⁻²]	m³/kg[M⁻¹L³]
일률	N·m/s[FLT⁻¹]	kg·m²/s³[ML²T⁻³]
일	N·m[FL]	kg·m²/s²[ML²T⁻²]
점성계수	N·s/m²[FL⁻²T]	kg/m·s[ML⁻¹T⁻¹]

답 ①

28 ⭐
13.09.문31
직경이 $D/2$인 출구를 통해 유체가 대기로 방출될 때, 이음매에 작용하는 힘은? (단, 마찰손실과 중력의 영향은 무시하고, 유체의 밀도= ρ, 단면적 $A = \frac{\pi}{4}D^2$)

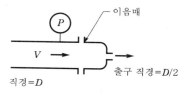

① $\frac{1}{2}\rho V^2 A$ ② $3\rho V^2 A$

③ $\frac{9}{2}\rho V^2 A$ ④ $\frac{15}{2}\rho V^2 A$

해설 (1) **단면적**

$$A = \frac{\pi}{4}D^2 \propto D^2$$

여기서, A : 단면적[m²]
D : 직경[m]

출구직경이 $\frac{D}{2}$인 경우

출구단면적 A_2는

$A : D^2 = A_2 : \left(\frac{D}{2}\right)^2$

$A_2 D^2 = A \times \frac{D^2}{4}$

$A_2 = A \times \frac{D^2}{4} \times \frac{1}{D^2}$

$\therefore A_2 = \frac{A}{4}$

직경 D는 입구직경이므로 $D = D_1$으로 나타낼 수 있다.

단서에서 $A = \frac{\pi}{4}D^2$이므로 $A_1 = \frac{\pi}{4}D_1^2 = \frac{\pi}{4}D^2$

$\therefore A = A_1$

(2) 유량

$$Q = AV = \left(\frac{\pi D^2}{4}\right)V$$

여기서, Q : 유량[m³/s]
A : 단면적[m²]
V : 유속[m/s]
D : 지름[m]

(3) 비중량

$$\gamma = \rho g$$

여기서, γ : 비중량[N/m³]
ρ : 밀도(물의 밀도 1000kg/m³ 또는 1000N·s²/m⁴)
g : 중력가속도(m/s²)

(4) 이음매 또는 플랜지볼트에 작용하는 힘

$$F = \frac{\gamma Q^2 A_1}{2g}\left(\frac{A_1 - A_2}{A_1 A_2}\right)^2$$

여기서, F : 이음매 또는 플랜지볼트에 작용하는 힘[N]
γ : 비중량(물의 비중량 9800N/m³)
Q : 유량[m³/s]
A_1 : 호스의 단면적[m²]
A_2 : 노즐의 출구단면적[m²]
g : 중력가속도(9.8m/s²)

이음매에 작용하는 힘 F는

$F = \frac{\gamma Q^2 A_1}{2g}\left(\frac{A_1 - A_2}{A_1 A_2}\right)^2$

$= \frac{\rho g (AV)^2 A}{2g}\left(\frac{A - \frac{A}{4}}{A \times \frac{A}{4}}\right)^2$ →
$\boxed{\begin{array}{l}\gamma = \rho g \\ Q = AV \\ A_1 = A \text{ 대입} \\ A_2 = \frac{A}{4}\end{array}}$

$\left(\frac{\frac{4A}{4} - \frac{A}{4}}{\frac{A^2}{4}}\right)^2 = \left(\frac{\frac{4A - A}{4}}{\frac{A^2}{4}}\right)^2 = \left(\frac{\frac{3A}{4}}{\frac{A^2}{4}}\right)^2$

$= \left(\frac{3}{A}\right)^2 = \frac{9}{A^2}$

$= \frac{\rho g A^2 V^2 A}{2g} \times \frac{9}{A^2} = \frac{9}{2}\rho V^2 A$

답 ③

29 ⭐
체적 또는 비체적이 일정하게 유지되면서 상태가 변하는 정적과정에서 밀폐계가 한 일은?

① 내부에너지 감소량과 같다.
② 평균압력과 체적의 곱과 같다.
③ 0
④ 엔탈피 증가량과 같다.

해설 ③ 밀폐계는 **절대일**이므로 정적과정 $_1W_2 = 0$

정적과정

구 분	공 식
① 압력과 온도	$$\frac{P_2}{P_1} = \frac{T_2}{T_1}$$ 여기서, $P_1 \cdot P_2$: 변화전후의 압력[kJ/m³] $T_1 \cdot T_2$: 변화전후의 온도(273+℃)[K]
② 절대일 = 밀폐계 (압축일)	$$_1W_2 = 0 \quad \boxed{보기 ③}$$ 여기서, $_1W_2$: 절대일[kJ]
③ 공업일 = 개방계	$$_1W_{t2} = -V(P_2 - P_1)$$ $$= V(P_1 - P_2)$$ $$= mR(T_1 - T_2)$$ 여기서, $_1W_{t2}$: 공업일[kJ] V : 체적[m³] $P_1 \cdot P_2$: 변화전후의 압력[kJ/m³] R : 기체상수[kJ/kg · K] m : 질량[kg] $T_1 \cdot T_2$: 변화전후의 온도(273+℃)[K]

용어

밀폐계 VS 개방계

밀폐계	개방계
① 절대일	① 공업일
② 팽창일	② 압축일
③ 비유동일	③ 유동일
④ 가역일	④ 소비일
	⑤ 정상휴일
	⑥ 가역일

답 ③

★★★
30 액체와 고체가 접촉하면 상호 부착하려는 성질을 갖는데 이 부착력과 액체의 응집력의 크기의 차이에 의해 일어나는 현상은 무엇인가?

21.03.문23
15.05.문33
13.09.문27
10.05.문35

① 모세관현상
② 공동현상
③ 점성
④ 뉴턴의 마찰법칙

해설 **모세관현상**(capillarity in tube)
(1) 액체분자들 사이의 **응집력**과 고체면에 대한 **부착력**의 차이에 의하여 관내 액체표면과 자유표면 사이에 **높이 차이**가 나타나는 것
(2) 액체와 고체가 접촉하면 상호 **부착**하려는 **성질**을 갖는데 이 **부착력**과 액체의 응집력의 **상대적 크기**에 의해 일어나는 현상 보기 ①

$$h = \frac{4\sigma \cos \theta}{\gamma D}$$

여기서, h : 상승높이[m]
σ : 표면장력[N/m]
θ : 각도(접촉각)
γ : 비중량(물의 비중량 9800N/m³)
D : 관의 내경[m]

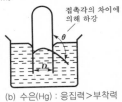

(a) 물(H₂O) : 응집력<부착력   (b) 수은(Hg) : 응집력>부착력
‖ 모세관현상 ‖

답 ①

★★★
31 유체의 마찰에 의하여 발생하는 성질을 점성이라 한다. 뉴턴의 점성법칙을 설명한 것으로 옳지 않은 것은?

21.03.문30
21.09.문23
17.09.문40
16.03.문31
15.03.문23
12.03.문31
07.03.문30

① 전단응력은 속도기울기에 비례한다.
② 속도기울기가 크면 전단응력이 크다.
③ 점성계수가 크면 전단응력이 작다.
④ 전단응력과 속도기울기가 선형적인 관계를 가지면 뉴턴 유체라고 한다.

해설 **Newton의 점성법칙 특징**
(1) 전단응력은 **점성계수**와 **속도기울기**의 **곱**이다.
(2) 전단응력은 **속도기울기**에 **비례**한다. 보기 ①②
(3) 속도기울기가 0인 곳에서 전단응력은 0이다.
(4) 전단응력은 **점성계수**에 **비례**한다.
(5) Newton의 점성법칙(난류) 보기 ④

$$\tau = \mu \frac{du}{dy}$$

여기서, τ : 전단응력[N/m²]
μ : 점성계수[N · s/m²]
$\frac{du}{dy}$: 속도구배(속도기울기)$\left[\frac{1}{s}\right]$

비교

Newton의 점성법칙

층 류	난 류
$$\tau = \frac{p_A - p_B}{l} \cdot \frac{r}{2}$$	$$\tau = \mu \frac{du}{dy}$$
여기서, τ : 전단응력[N/m²] $p_A - p_B$: 압력강하[N/m²] l : 관의 길이[m] r : 반경[m]	여기서, τ : 전단응력[N/m²] μ : 점성계수[N · s/m²] 또는 [kg/m · s] $\frac{du}{dy}$: 속도구배(속도기울기)$\left[\frac{1}{s}\right]$

답 ③

★★★
32 펌프의 흡입양정이 클 때 발생될 수 있는 현상은?

16.10.문23
13.09.문33
13.06.문32

① 공동현상(cavitation)

② 서징현상(surging)

③ 역회전현상

④ 수격현상(water hammering)

해설 **공동현상**의 **발생원인**
(1) 펌프의 흡입수두(**흡입양정**)가 **클** 때(소화펌프의 흡입고가 클 때)
(2) 펌프의 마찰손실이 클 때
(3) 펌프의 임펠러속도가 클 때
(4) 펌프의 설치위치가 수원보다 높을 때
(5) 관내의 수온이 높을 때(물의 온도가 높을 때)
(6) 관내의 물의 정압이 그때의 증기압보다 낮을 때
(7) 흡입관의 구경이 작을 때
(8) 흡입거리가 길 때
(9) 유량이 증가하여 펌프물이 과속으로 흐를 때

| 기억법 | **흡공클** |

답 ①

★★
33 댐 수위가 2m 올라갈 때 한 변이 1m인 정사각형 연직수문이 받는 정수력이 20% 늘어난다면 댐 수위가 올라가기 전의 수문의 중심과 자유표면의 거리는? (단, 대기압 효과는 무시한다.)

15.05.문40
14.09.문36

① 2m

② 4m

③ 5m

④ 10m

해설 **정수력**

$$F = \gamma h A$$

여기서, F : 정수력[N]
γ : 비중량(물의 비중량 9800N/m³)
h : 표면에서 수문중심까지의 수직거리[m]
A : 수문의 단면적[m²]

● **연직수문** : 수직으로 수문이 있다는 뜻

(1) **댐 수위가 2m 올라갈 때** 정수력

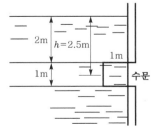

정수력 $F_2 = \gamma h A$
$= 9800\text{N/m}^3 \times 2.5\text{m} \times (1 \times 1)\text{m}^2 = 24500\text{N}$

(2) 댐 수위가 올라가기 전의 정수력

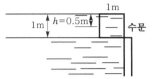

정수력 $F_1 = \gamma h A$
$= 9800\text{N/m}^3 \times 0.5\text{m} \times (1 \times 1)\text{m}^2 = 4900\text{N}$

(3) 댐수위가 2m 올라갈 때 정수력 20% 늘어나므로
$F_2 = (1 + 0.2)F_1 = 1.2F_1$
$F_2 - F_1 = F_2 - F_1$
$1.2F_1 - F_1 = (24500 - 4900)\text{N}$
$0.2F_1 = 19600\text{N}$
$F_1 = \dfrac{19600\text{N}}{0.2} = 98000\text{N}$

(4) **표면**에서 **수문중심**까지의 **수직거리**
$h = \dfrac{F_1}{\gamma A} = \dfrac{98000\text{N}}{9800\text{N/m}^3 \times (1 \times 1)\text{m}^2} = 10\text{m}$

답 ④

★★★
34 펌프의 공동현상(cavitation)을 방지하기 위한 방법이 아닌 것은?

21.09.문38
19.04.문22
17.09.문35
17.05.문37
16.10.문23
15.03.문35
14.05.문39
14.03.문32

① 펌프의 설치위치를 되도록 낮게 하여 흡입양정을 짧게 한다.

② 펌프의 회전수를 크게 한다.

③ 펌프의 흡입관경을 크게 한다.

④ 단흡입펌프보다는 양흡입펌프를 사용한다.

해설
| ② 크게 → 작게 |

공동현상(cavitation, 캐비테이션)

개 요	펌프의 흡입측 배관 내의 물의 정압이 기존의 증기압보다 낮아져서 기포가 발생되어 물이 흡입되지 않는 현상
발생현상	● **소음**과 **진동** 발생 ● 관 **부식** ● **임펠러**의 손상(수차의 날개를 해친다) ● 펌프의 성능저하
발생원인	● 펌프의 흡입수두가 클 때(소화펌프의 흡입고가 클 때) ● 펌프의 마찰손실이 클 때 ● 펌프의 임펠러속도가 클 때 ● 펌프의 설치위치가 수원보다 높을 때 ● 관 내의 수온이 높을 때(물의 온도가 높을 때) ● 관 내의 물의 정압이 그때의 **증기압**보다 낮을 때 ● 흡입관의 **구경**이 작을 때 ● 흡입거리가 길 때 ● 유량이 증가하여 펌프물이 과속으로 흐를 때

| 방지대책 | • 펌프의 흡입수두를 작게 한다(흡입양정을 짧게 한다). 보기 ①
 • 펌프의 마찰손실을 작게 한다.
 • 펌프의 임펠러속도(회전수)를 낮추어 흡입비속도를 낮게 한다. 보기 ②
 • 펌프의 설치위치를 수원보다 낮게 한다. 보기 ①
 • **양흡입펌프**를 사용한다(펌프의 흡입측을 가압한다). 보기 ④
 • 관 내의 물의 정압을 그때의 증기압보다 **높게** 한다.
 • 흡입관의 구경(관경)을 **크게** 한다. 보기 ③
 • 펌프를 2개 이상 설치한다.
 • 입형펌프를 사용하고, 회전차를 수중에 완전히 잠기게 한다. |

🔊 중요

비속도(비교회전도)

$$N_s = N \frac{\sqrt{Q}}{\left(\dfrac{H}{n}\right)^{\frac{3}{4}}} \propto N$$

여기서, N_s : 펌프의 비교회전도(비속도)[m³/min·m/rpm]
　　　　N : 회전수[rpm]
　　　　Q : 유량[m³/min]
　　　　H : 양정[m]
　　　　n : 단수

- 공식에서 비속도(N_s)와 회전수(N)는 비례

답 ②

⭐ 35

유량 2m³/min, 전양정 25m인 원심펌프의 축동
22.09.문35 력은 약 몇 kW인가? (단, 펌프의 전효율은 0.78이고, 유체의 밀도는 1000kg/m³이다.)

① 11.52　　② 9.52
③ 10.47　　④ 13.47

해설 **(1) 기호**

- Q : 2m³/min=2m³/60s(1min=60s)
- H : 25m
- P : ?
- η : 0.78
- ρ : 1000kg/m³=1000N·s²/m⁴(1kg/m³=1N·s²/m⁴)

(2) 비중량

$$\gamma = \rho g$$

여기서, γ : 비중량[N/m³]
　　　　ρ : 밀도[N·s²/m⁴]
　　　　g : 중력가속도(9.8m/s²)
비중량 γ는
$\gamma = \rho g = 1000N·s²/m⁴ \times 9.8m/s² = 9800N/m³$

---

(3) 축동력

$$P = \frac{\gamma QH}{1000\eta}$$

여기서, P : 축동력[kW]
　　　　γ : 비중량[N/m³]
　　　　Q : 유량[m³/s]
　　　　H : 전양정[m]
　　　　η : 효율
축동력 P는
$$P = \frac{\gamma QH}{1000\eta}$$
$$= \frac{9800N/m³ \times 2m³/60s \times 25m}{1000 \times 0.78} ≒ 10.47kW$$

🌱 용어

축동력
전달계수(K)를 고려하지 않은 동력

📋 별해

원칙적으로 밀도가 주어지지 않을 때 적용
축동력

$$P = \frac{0.163QH}{\eta}$$

여기서, P : 축동력[kW]
　　　　Q : 유량[m³/min]
　　　　H : 전양정(수두)[m]
　　　　η : 효율
펌프의 축동력 P는
$$P = \frac{0.163QH}{\eta}$$
$$= \frac{0.163 \times 2m³/min \times 25m}{0.78} = 10.448 ≒ 10.45kW$$
(정확하지는 않지만 유사한 값이 나옴)

답 ③

⭐ 36

다음 물성량 중 길이의 단위로 표시할 수 없는 것은?

① 수차의 유효낙차
② 속도수두
③ 물의 밀도
④ 펌프 전양정

해설 ③ 물의 밀도의 단위는 [kg/m³=N·s²/m⁴]으로 즉, 질량/체적이므로 길이의 단위가 아니다.

길이의 단위[m]
(1) 수차의 유효낙차[m] 보기 ①
(2) 속도수두[m] 보기 ②
(3) 위치수두[m]
(4) 압력수두[m]
(5) 펌프 전양정[m] 보기 ④

답 ③

37

19.04.문23
12.09.문21
09.05.문39

단면적이 A와 $2A$인 U자형 관에 밀도가 d인 기름이 담겨져 있다. 단면적이 $2A$인 관에 관벽과는 마찰이 없는 물체를 놓았더니 그림과 같이 평형을 이루었다. 이때 이 물체의 질량은?

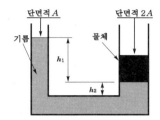

단면적 A　단면적 $2A$
기름　물체
h_1
h_2

① $2A\,h_1 d$

② $A\,h_1 d$

③ $A(h_1 + h_2)d$

④ $A(h_1 - h_2)d$

 (1) 중량

$$F = mg$$

여기서, F : 중량(힘)[N]

　　　m : 질량[kg]

　　　g : 중력가속도[9.8m/s²]

$F = mg \propto m$

질량은 중량(힘)에 비례하므로 파스칼의 원리식 적용

(2) 파스칼의 원리

$$\frac{F_1}{A_1} = \frac{F_2}{A_2}, \quad p_1 = p_2$$

여기서, F_1, F_2 : 가해진 힘[kN]

　　　A_1, A_2 : 단면적[m²]

　　　p_1, p_2 : 압력[kPa]

$\dfrac{F_1}{A_1} = \dfrac{F_2}{A_2}$ 에서 $A_2 = 2A_1$이므로

$$F_2 = \frac{A_2}{A_1} \times F_1 = \frac{2A_1}{A_1} \times F_1 = 2F_1$$

질량은 중량(힘)에 비례하므로 $F_2 = 2F_1$를 $m_2 = 2m_1$로 나타낼 수 있다.

(3) 물체의 질량

$$m_1 = dh_1 A$$

여기서, m_1 : 물체의 질량[kg]

　　　d : 밀도[kg/m³]

　　　h_1 : 깊이[m]

　　　A : 단면적[m²]

$m_2 = 2m_1 = 2 \times dh_1 A = 2Ah_1 d$

답 ①

38

19.04.문21
19.03.문35
15.03.문30
13.06.문27

그림에서 물에 의하여 점 B에서 힌지된 사분원 모양의 수문이 평형을 유지하기 위하여 잡아당겨야 하는 힘 T는 몇 kN인가? (단, 폭은 1m, 반지름($r = \overline{OB}$)은 2m, 4분원의 중심은 O점에서 왼쪽으로 $\dfrac{4r}{3\pi}$인 곳에 있으며, 물의 밀도는 1000kg/m³이다.)

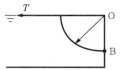

T　O
　　B

① 1.96

② 9.8

③ 19.6

④ 29.4

 수평분력

$$F_H = \gamma h A$$

여기서, F_H : 수평분력[N]

　　　γ : 비중량(물의 비중량 9800N/m³)

　　　h : 표면에서 수문 중심까지의 수직거리[m]

　　　A : 수문의 단면적[m²]

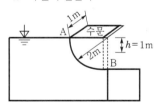

수문
$h = 1\text{m}$
A　1m
2m
B

$$h = \frac{2\text{m}}{2} = 1\text{m}$$

$A = $ 가로$\times$세로(폭)$= 2\text{m} \times 1\text{m} = 2\text{m}^2$

$F_H = \gamma h A = 9800\text{N/m}^3 \times 1\text{m} \times 2\text{m}^2 = 19600\text{N} = 19.6\text{kN}$

- 1000N=1kN이므로 19600N=19.6kN

답 ③

39

22.04.문31
21.05.문30
19.04.문40
17.05.문40
16.05.문25

단위 및 차원에 대한 설명으로 틀린 것은?

① 밀도의 단위로 kg/m³을 사용한다.

② 운동량의 차원은 MLT이다.

③ 점성계수의 차원은 $ML^{-1}T^{-1}$이다.

④ 압력의 단위로 N/m²을 사용한다.

해설

② MTL → MTL⁻¹

차 원	중력단위[차원]	절대단위[차원]
길이	m[L]	m[L]
시간	s[T]	s[T]
운동량	N·s[FT]	kg·m/s[MLT⁻¹] 보기 ②
힘	N[F]	kg·m/s²[MLT⁻²]
속도	m/s[LT⁻¹]	m/s[LT⁻¹]
가속도	m/s²[LT⁻²]	m/s²[LT⁻²]
질량	N·s²/m[FL⁻¹T²]	kg[M]
압력	N/m²[FL⁻²] 보기 ④	kg/m·s²[ML⁻¹T⁻²]
밀도	N·s²/m⁴[FL⁻⁴T²]	kg/m³[ML⁻³] 보기 ①
비중	무차원	무차원
비중량	N/m³[FL⁻³]	kg/m²·s²[ML⁻²T⁻²]
비체적	m⁴/N·s²[F⁻¹L⁴T⁻²]	m³/kg[M⁻¹L³]
일률	N·m/s[FLT⁻¹]	kg·m²/s³[ML²T⁻³]
일	N·m[FL]	kg·m²/s²[ML²T⁻²]
점성계수	N·s/m²[FL⁻²T]	kg/m·s[ML⁻¹T⁻¹] 보기 ③

답 ②

★★★
40 에너지선(EL)에 대한 설명으로 옳은 것은?

14.09.문21
14.05.문35
12.03.문28

① 수력구배선보다 아래에 있다.
② 압력수두와 속도수두의 합이다.
③ 속도수두와 위치수두의 합이다.
④ 수력구배선보다 속도수두만큼 위에 있다.

해설 **에너지선**
(1) 항상 수력기울기선 위에 있다.
(2) 수력구배선=수력기울기선
(3) 수력구배선보다 속도수두만큼 위에 있다. 보기 ④

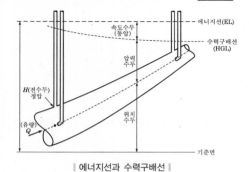

| 에너지선과 수력구배선 |

답 ④

제 3 과목 소방관계법규

★★
41 소방서장은 소방대상물에 대한 위치·구조·설
19.03.문53 비 등에 관하여 화재가 발생하는 경우 인명피해
가 클 것으로 예상되는 때에는 소방대상물의 개
수·사용의 금지 등의 필요한 조치를 명할 수 있
는데 이때 그 손실에 따른 보상을 하여야 하는
바, 해당되지 않은 사람은?

① 특별시장
② 도지사
③ 행정자치부장관
④ 광역시장

해설 **소방기본법 49조의 2**
소방대상물의 개수명령 손실보상
소방청장, 시·도지사

🔖 중요

시·도지사
(1) 특별시장 보기 ①
(2) 광역시장 보기 ④
(3) 도지사 보기 ②
(4) 특별자치도지사
(5) 특별자치시장

답 ③

★★★
42 소방본부장이나 소방서장이 소방시설공사가 공
21.05.문49 사감리 결과보고서대로 완공되었는지 완공검사
18.03.문51
17.03.문43 를 위한 현장을 확인할 수 있는 대통령령으로 정
15.03.문59
14.05.문54 하는 특정소방대상물이 아닌 것은?

① 노유자시설
② 문화 및 집회시설, 운동시설
③ 1000m² 미만의 공동주택
④ 지하상가

해설 ③ 공동주택, 아파트는 해당 없음

공사업령 5조
완공검사를 위한 현장확인 대상 특정소방대상물의 범위
(1) **문**화 및 집회시설, **종**교시설, **판**매시설, **노**유자시설,
   수련시설, **운**동시설, **숙**박시설, **창**고시설, 지하**상**가
   및 다중이용업소 보기 ①②④
(2) 다음의 어느 하나에 해당하는 설비가 설치되는 특정소
   방대상물
   ㉠ 스프링클러설비 등
   ㉡ 물분무등소화설비(호스릴방식의 소화설비 제외)
(3) 연면적 **10000m²** 이상이거나 **11층** 이상인 특정소
   방대상물(아파트 제외) 보기 ③

(4) 가연성 가스를 제조 · 저장 또는 취급하는 시설 중 지상에 노출된 가연성 가스탱크의 저장용량 합계가 1000t 이상인 시설

기억법 문종판 노수운 숙창상현

답 ③

★★
43 소방시설 설치 및 관리에 관한 법령상 소방용품 중 피난구조설비를 구성하는 제품 또는 기기에 속하지 않는 것은?

21.05.문46
15.03.문49
14.09.문42

① 통로유도등　　② 소화기구
③ 공기호흡기　　④ 피난사다리

해설 ② 소화설비

소방시설법 시행령〔별표 3〕
소방용품

소방시설	제품 또는 기기
소화용	① 소화**약**제 ② **방**염제(방염액 · 방염도료 · 방염성 물질) **기억법** 소약방
피난구조설비	① **피난사다리**, 구조대, 완강기(간이완강기 및 지지대 포함) 보기 ④ ② **공기호흡기**(충전기를 포함) 보기 ③ 피난구유도등, **통로유도등**, 객석유도등 및 예비전원이 내장된 비상조명등 보기 ①
소화설비	① **소화기구** 보기 ② ② 자동소화장치 ③ 간이소화용구(소화약제 외의 것을 이용한 간이소화용구 제외) ④ 소화전 ⑤ 송수구 ⑥ 관창 ⑦ 소방호스 ⑧ 스프링클러헤드 ⑨ 기동용 수압개폐장치 ⑩ 유수제어밸브 ⑪ 가스관 선택밸브

답 ②

★★★
44 소방상 필요할 때 소반본부장, 소방서장 또는 소방대장이 할 수 있는 명령에 해당되는 것은?

20.06.문56
19.03.문56
18.04.문43
17.05.문48

① 화재현장에 이웃한 소방서에 소방응원을 하는 명령
② 그 관할구역 안에 사는 사람 또는 화재 현장에 있는 사람으로 하여금 소화에 종사하도록 하는 명령
③ 관계 보험회사로 하여금 화재의 피해조사에 협력하도록 하는 명령
④ 소방대상물의 관계인에게 화재에 따른 손실을 보상하게 하는 명령

해설 **소방본부장 · 소방서장 · 소방대장**
(1) 소방활동 **종**사명령(기본법 24조) 보기 ②
(2) **강**제처분 · 제거(기본법 25조)
(3) **피**난명령(기본법 26조)
(4) 댐 · 저수지 사용 등 위험시설 등에 대한 긴급조치(기본법 27조)

기억법 소대종강피(**소방대**의 **종강**파티)

용어

소방활동 종사명령
화재, 재난 · 재해, 그 밖의 위급한 상황이 발생한 현장에서 소방활동을 위하여 필요할 때에는 그 관할구역에 사는 사람 또는 그 현장에 있는 사람으로 하여금 사람을 구출하는 일 또는 불을 끄거나 불이 번지지 아니하도록 하는 일을 하게 할 수 있는 것

답 ②

★
45 특정소방대상물의 소방시설 등에 대한 자체점검 기술자격자의 범위에서 '행정안전부령으로 정하는 기술자격자'는?

① 소방안전관리자로 선임된 소방설비산업기사
② 소방안전관리자로 선임된 소방설비기사
③ 소방안전관리자로 선임된 전기기사
④ 소방안전관리자로 선임된 소방시설관리사 및 소방기술사

해설 **소방시설법 시행규칙 19조**
소방시설 등 자체점검 기술자격자
(1) 소방안전관리자로 선임된 **소방시설관리사** 보기 ④
(2) 소방안전관리자로 선임된 **소방기술사** 보기 ④

답 ④

★
46 명예직 소방대원으로 위촉할 수 있는 권한이 있는 사람은?

① 도지사　　　　② 소방청장
③ 소방대장　　　④ 소방서장

해설 **기본법 7조**
명예직 소방대원 위촉 : 소방청장
소방행정 발전에 공로가 있다고 인정되는 사람

답 ②

★★★
47 화재의 예방 및 안전관리에 관한 법률상 소방안전관리대상물의 소방안전관리자의 업무가 아닌 것은?

21.03.문47
19.09.문01
18.04.문45
14.09.문52
14.09.문53
13.06.문48

① 소방시설공사
② 소방훈련 및 교육
③ 소방계획서의 작성 및 시행
④ 자위소방대의 구성 · 운영 · 교육

해설
① 소방시설공사 : 소방시설공사업자

화재예방법 24조 ⑤항
관계인 및 소방안전관리자의 업무

특정소방대상물 (관계인)	소방안전관리대상물 (소방안전관리자)
① **피난시설 · 방화구획** 및 방화시설의 관리	① **피난시설 · 방화구획** 및 방화시설의 관리
② **소방시설**, 그 밖의 소방관련 시설의 관리	② 소방시설, 그 밖의 소방관련 시설의 관리
③ **화기취급**의 감독	③ **화기취급**의 감독
④ 소방안전관리에 필요한 업무	④ 소방안전관리에 필요한 업무
⑤ 화재발생시 초기대응	⑤ **소방계획서**의 작성 및 시행(**대통령령**으로 정하는 사항 포함) 보기 ③
	⑥ **자위소방대** 및 **초기대응체계**의 구성 · 운영 · 교육 보기 ④
	⑦ 소방훈련 및 교육 보기 ②
	⑧ 소방안전관리에 관한 업무수행에 관한 기록 · 유지
	⑨ 화재발생시 초기대응

용어

특정소방대상물	소방안전관리대상물
건축물 등의 규모 · 용도 및 수용인원 등을 고려하여 소방시설을 설치하여야 하는 소방대상물로서 대통령령으로 정하는 것	**대통령령**으로 정하는 특정소방대상물

답 ①

48 소방시설을 구분하는 경우 소화설비에 해당되지 않는 것은?

19.04.문59
12.09.문60
08.09.문55
08.03.문53

① 스프링클러설비
② 제연설비
③ 자동확산소화기
④ 옥외소화전설비

해설
② 소화활동설비

소방시설법 시행령 〔별표 1〕
소화설비
(1) 소화기구 · 자동확산소화기 · 자동소화장치(주거용 주방자동소화장치)
(2) 옥내소화전설비 · 옥외소화전설비
(3) 스프링클러설비 · 간이스프링클러설비 · 화재조기진압용 스프링클러설비
(4) 물분무소화설비 · 강화액소화설비

비교
소방시설법 시행령 〔별표 1〕
소화활동설비
화재를 진압하거나 인명구조활동을 위하여 사용하는 설비
(1) **연**결송수관설비
(2) **연**결살수설비
(3) **연**소방지설비
(4) **무**선통신보조설비
(5) **제**연설비
(6) **비**상**콘**센트설비

기억법 3연무제비콘

답 ②

49 위험물안전관리법령상 산화성 고체인 제1류 위험물에 해당되는 것은?

22.03.문02
19.04.문44
16.05.문46
16.05.문52
15.09.문03
15.09.문18
15.05.문10
15.05.문42
15.03.문51
14.09.문18
14.03.문18
11.06.문54

① 질산염류
② 과염소산
③ 특수인화물
④ 유기과산화물

해설
위험물령 〔별표 1〕
위험물

유별	성질	품명
제**1**류	**산**화성 **고**체	• 아염소산염류 • 염소산염류(**염소산나트륨**) • 과염소산염류 • 질산염류 보기 ① • 무기과산화물 **기억법** 1산고염나
제2류	가연성 고체	• **황화**린 • **적**린 • **유황** • **마**그네슘 **기억법** 황화적유마
제3류	자연발화성 물질 및 금수성 물질	• **황**린 • **칼**륨 • **나**트륨 • **알**칼리토금속 • **트**리에틸알루미늄 **기억법** 황칼나알트
제4류	인화성 액체	• 특수인화물 보기 ③ • 석유류(벤젠) • 알코올류 • 동식물유류

제5류	**자**기반응성 물질	• 유기과산화물 보기 ④ • 니트로화합물 • 니트로소화합물 • 아조화합물 • 질산에스테르류(셀룰로이드) **기억법** 5자(**오자**탈자)
제6류	산화성 액체	• 과염소산 보기 ② • 과산화수소 • 질산

답 ①

★★★
50 위험물안전관리법령상 제조소 또는 일반 취급소의 위험물취급탱크 노즐 또는 맨홀을 신설하는 경우, 노즐 또는 맨홀의 직경이 몇 mm를 초과하는 경우에 변경허가를 받아야 하는가?

11.05.문48
19.06.문57
18.04.문58

① 500
② 450
③ 250
④ 600

해설 **위험물규칙** 〔별표 1의 2〕
제조소 등의 변경허가를 받아야 하는 경우
(1) 제조소 또는 일반취급소의 위치를 이전
(2) 건축물의 벽·기둥·바닥·보 또는 지붕을 증설 또는 철거
(3) 배출설비를 신설
(4) 위험물취급탱크를 신설·교체·철거 또는 보수
(5) 위험물취급탱크의 노즐 또는 맨홀의 직경이 **250mm**를 초과하는 경우에 신설 보기 ③
(6) 위험물취급탱크의 방유제의 높이 또는 방유제 내의 면적을 변경
(7) 위험물취급탱크의 탱크전용실을 증설 또는 교체
(8) **300m**(지상에 설치하지 아니하는 배관의 경우에는 **30m**)를 초과하는 위험물배관을 신설·교체·철거 또는 보수(배관을 절개하는 경우에 한한다)하는 경우

답 ③

★★★
51 소방시설 설치 및 관리에 관한 법령상 자동화재탐지설비를 설치하여야 하는 특정소방대상물 기준으로 틀린 것은?

16.03.문57
16.05.문43
14.03.문79
12.03.문74

① 지하가 중 길이 500m 이상의 터널
② 숙박시설로서 연면적 600m^2 이상인 것
③ 의료시설(정신의료기관·요양병원 제외)로서 연면적 600m^2 이상인 것
④ 지하구

해설
① 500m 이상 → 1000m 이상

소방시설법 시행령 〔별표 4〕
자동화재탐지설비의 설치대상

설치대상	조 건
① 정신의료기관·의료재활시설	• 창살설치 : 바닥면적 300m^2 미만 • 기타 : 바닥면적 300m^2 이상
② 노유자시설	• 연면적 400m^2 이상
③ **근**린생활시설·**위**락시설	• 연면적 600m^2 이상
④ **의**료시설(정신의료기관, 요양병원 제외) 보기 ③, 숙박시설 보기 ②	
⑤ **복**합건축물·장례시설	
⑥ 목욕장·문화 및 집회시설, 운동시설	• 연면적 1000m^2 이상
⑦ 종교시설	
⑧ 방송통신시설·관광휴게시설	
⑨ 업무시설·판매시설	
⑩ 항공기 및 자동차 관련시설·공장·창고시설	
⑪ 지하가(터널 제외)·운수시설·발전시설·위험물 저장 및 처리시설	
⑫ 교정 및 군사시설 중 국방·군사시설	
⑬ **교**육연구시설·**동**식물관련시설	• 연면적 2000m^2 이상
⑭ **자**원순환관련시설·**교**정 및 군사시설(국방·군사시설 제외)	
⑮ **수**련시설(숙박시설이 있는 것 제외)	
⑯ 묘지관련시설	
⑰ 지하가 중 터널	• 길이 1000m 이상 보기 ①
⑱ 지하구 보기 ④ ⑲ 노유자생활시설 ⑳ 공동주택 ㉑ 숙박시설 ㉒ 6층 이상인 건축물 ㉓ 조산원 및 산후조리원 ㉔ 전통시장 ㉕ 요양병원(정신병원, 의료재활시설 제외)	• 전부
㉖ 특수가연물 저장·취급	• 지정수량 500배 이상
㉗ 수련시설(숙박시설이 있는 것)	• 수용인원 100명 이상
㉘ 발전시설	• 전기저장시설

기억법 근위의복6, 교동자교수2

답 ①

★★★
52 소방기본법령상 소방용수시설에서 저수조의 설치 기준으로 틀린 것은?

21.03.문48
16.10.문52
16.05.문44
16.03.문41
13.03.문49

① 흡수에 지장이 없도록 토사 및 쓰레기 등을 제거할 수 있는 설비를 갖출 것
② 소방펌프자동차가 쉽게 접근할 수 있도록 할 것
③ 흡수부분의 수심이 0.5m 이상일 것
④ 지면으로부터의 낙차가 6m 이하일 것

해설
④ 6m 이하 → 4.5m 이하

기본규칙 〔별표 3〕
소방용수시설의 저수조에 대한 설치기준
(1) 낙차 : **4.5m** 이하 보기 ④
(2) **수심** : **0.5m** 이상 보기 ③
(3) 투입구의 길이 또는 지름 : **60cm** 이상

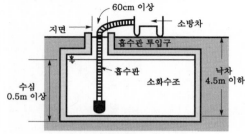

| 저수조의 깊이 |

(4) 소방펌프자동차가 **쉽게 접근**할 수 있도록 할 것 보기 ②
(5) 흡수에 지장이 없도록 **토사** 및 **쓰레기** 등을 제거할 수 있는 설비를 갖출 것 보기 ①
(6) 저수조에 물을 공급하는 방법은 **상수도**에 연결하여 **자동**으로 **급수**되는 구조일 것

기억법 수5(**수호**천사)

답 ④

★
53 소방기본법령상 화재예방을 위하여 불의 사용에 있어서 지켜야 하는 사항에 따라 이동식 난로를 사용하여서는 안 되는 장소로 틀린 것은? (단, 난로를 받침대로 고정시키거나 즉시 소화되고 연료 누출 차단이 가능한 경우는 제외한다.)

① 역 · 터미널   ② 슈퍼마켓
③ 가설건축물   ④ 한의원

해설
② 해당 없음

화재예방법 시행령 〔별표 1〕
이동식 난로를 설치할 수 없는 장소

(1) 학원
(2) 종합병원
(3) 역 · 터미널 보기 ①
(4) 가설건축물 보기 ③
(5) 한의원 보기 ④

답 ②

★★★
54 화재의 예방 및 안전관리에 관한 법령상 소방청 장, 소방본부장 또는 소방서장은 관할구역에 있는 소방대상물에 대하여 화재안전조사를 실시할 수 있다. 화재안전조사 대상과 거리가 먼 것은? (단, 개인 주거에 대하여는 관계인의 승낙을 득한 경우이다.)

19.09.문56
14.09.문60
14.03.문41
13.06.문54

① 화재예방강화지구 등 법령에서 화재안전조사를 하도록 규정되어 있는 경우
② 관계인이 법령에 따라 실시하는 소방시설 등, 방화시설, 피난시설 등에 대한 자체점검 등이 불성실하거나 불완전하다고 인정되는 경우
③ 화재가 발생할 우려는 없으나 소방대상물의 정기점검이 필요한 경우
④ 국가적 행사 등 주요 행사가 개최되는 장소에 대하여 소방안전관리 실태를 조사할 필요가 있는 경우

해설
③ 해당 없음

화재예방법 7조
화재안전조사 실시대상
(1) **관계인**이 이 법 또는 다른 법령에 따라 실시하는 소방시설 등, 방화시설, 피난시설 등에 대한 자체점검이 불성실하거나 불완전하다고 인정되는 경우 보기 ②
(2) **화재예방강화지구** 등 법령에서 화재안전조사를 하도록 규정되어 있는 경우 보기 ①
(3) 화재예방안전진단이 불성실하거나 불완전하다고 인정되는 경우
(4) **국가적 행사** 등 주요 행사가 개최되는 장소 및 그 변의 관계지역에 대하여 소방안전관리 실태를 조사할 필요가 있는 경우 보기 ④
(5) 화재가 **자주 발생**하였거나 발생할 우려가 뚜렷한 곳에 대한 조사가 필요한 경우
(6) **재난예측정보, 기상예보** 등을 분석한 결과 소방대상물에 화재의 발생 위험이 크다고 판단되는 경우
(7) 화재, 그 밖의 긴급한 상황이 발생할 경우 인명 또는 재산피해의 우려가 현저하다고 판단되는 경우

기억법 화관국안

해설 **공사업법 15조**
소방시설의 하자보수기간 : **3일** 이내 보기 ①

중요

3일
(1) **하**자보수기간(공사업법 15조)
(2) 소방시설업 **등**록증 **분**실 등의 **재**발급(공사업규칙 4조)

기억법 **3하등분재**(**상하**이에서 **동**생이 **분재**를 가져왔다.)

답 ①

중요

화재예방법 7 · 8조
화재안전조사
소방대상물에 대한 화재예방을 위하여 관계인에게 필요한 자료제출을 명하거나 위치 · 구조 · 설비 또는 관리의 상황을 조사하는 것
(1) 실시자 : 소방청장 · 소방본부장 · 소방서장
(2) 관계인의 승낙이 필요한 곳 : **주거**(주택)

답 ③

 ★★★
55 성능위주설계를 실시하여야 하는 특정소방대상물의 범위 기준으로 틀린 것은?

8.09.문50
7.03.문58
4.09.문48
2.09.문41

① 연면적 200000m² 이상인 특정소방대상물 (아파트 등은 제외)
② 지하층을 포함한 층수가 30층 이상인 특정소방대상물(아파트 등은 제외)
③ 건축물의 높이가 120m 이상인 특정소방대상물(아파트 등은 제외)
④ 하나의 건출물에 영화상영관이 5개 이상인 특정소방대상물

해설 ④ 5개 이상 → 10개 이상

소방시설법 시행령 9조
성능위주설계를 해야 할 특정소방대상물의 범위
(1) 연면적 **20만m²** 이상인 특정소방대상물(아파트 등 제외) 보기 ①
(2) **50층** 이상(지하층 제외)이거나 지상으로부터 높이가 **200m** 이상인 아파트
(3) **30층** 이상(지하층 포함)이거나 지상으로부터 높이가 **120m** 이상인 특정소방대상물(아파트 등 제외) 보기 ②③
(4) 연면적 **3만m²** 이상인 철도 및 도시철도 시설, **공항시설**
(5) 하나의 건축물에 관련법에 따른 **영화상영관**이 **10개** 이상인 특정소방대상물 보기 ④
(6) 연면적 **10만m²** 이상이거나 **지하 2층** 이하이고 지하층의 바닥면적의 합이 **3만m²** 이상인 창고시설
(7) 지하연계 복합건축물에 해당하는 특정소방대상물
(8) 터널 중 수저터널 또는 길이가 **5000m** 이상인 것

답 ④

★★★
56 소방시설의 하자가 발생한 경우 통보를 받은 공사업자는 며칠 이내에 이를 보수하거나 보수 일정을 기록한 하자보수 계획을 관계인에게 서면으로 알려야 하는가?

0.08.문56
4.05.문47
1.06.문59

① 3일　　　　② 7일
③ 14일　　　④ 30일

 ★★★
57 위험물안전관리법령상 인화성 액체 위험물(이황화탄소를 제외)의 옥외탱크저장소의 탱크 주위에 설치하여야 하는 방유제의 기준 중 틀린 것은?

21.03.문42
18.09.문47
18.03.문54
15.03.문07
14.05.문45
08.09.문58

① 방유제의 용량은 방유제 안에 설치된 탱크가 하나인 때에는 그 탱크용량의 110% 이상으로 할 것
② 방유제의 용량은 방유제 안에 설치된 탱크가 2기 이상인 때에는 그 탱크 중 용량이 최대인 것의 용량의 110% 이상으로 할 것
③ 방유제는 높이 1m 이상 2m 이하, 두께 0.2m 이상, 지하매설깊이 0.5m 이상으로 할 것
④ 방유제 내의 면적은 80000m² 이하로 할 것

해설 ③ 1m 이상 2m 이하 → 0.5m 이상 3m 이하, 0.5m → 1m

위험물규칙 〔별표 6〕
(1) **옥외탱크저장소의 방유제**

구 분	설 명
높이	0.5~3m 이하(두께 0.2m 이상, 지하매설깊이 1m 이상) 보기 ③
탱크	10기(모든 탱크용량이 20만L 이하, 인화점이 70~200℃ 미만은 20기) 이하
면적	80000m² 이하 보기 ④
용량	① 1기 이상 : **탱크용량**×110% 이상 보기 ① ② 2기 이상 : **최대탱크용량**×110% 이상 보기 ②

(2) 높이가 1m를 넘는 방유제 및 간막이 둑의 안팎에는 방유제 내에 출입하기 위한 계단 또는 경사로를 약 50m마다 설치할 것

답 ③

58

★★

16.05.문43
16.03.문57
14.03.문79
12.03.문74

소방시설 설치 및 관리에 관한 법령상 자동화재 탐지설비를 설치하여야 하는 특정소방대상물의 기준으로 틀린 것은?

① 공장 및 창고시설로서 「소방기본법 시행령」에서 정하는 수량의 500배 이상의 특수가연물을 저장·취급하는 것

② 지하가(터널은 제외한다)로서 연면적 600m² 이상인 것

③ 숙박시설이 있는 수련시설로서 수용인원 100명 이상인 것

④ 장례시설 및 복합건축물로서 연면적 600m² 이상인 것

② 600mm² 이상 → 1000m² 이상

소방시설법 시행령 [별표 4]
자동화재탐지설비의 설치대상

설치대상	조 건
① 정신의료기관·의료재활시설	• 창살설치 : 바닥면적 300m² 미만 • 기타 : 바닥면적 300m² 이상
② 노유자시설	• 연면적 400m² 이상
③ **근**린생활시설·**위**락시설 ④ **의**료시설(정신의료기관, 요양병원 제외) ⑤ **복**합건축물·장례시설 [보기 ④]	• 연면적 600m² 이상
⑥ 목욕장·문화 및 집회시설, 운동시설 ⑦ 종교시설 ⑧ 방송통신시설·관광휴게시설 ⑨ 업무시설·판매시설 ⑩ 항공기 및 자동차 관련시설 ·공장·창고시설 ⑪ 지하가(터널 제외) [보기 ②] ·운수시설·발전시설·위험물 저장 및 처리시설 ⑫ 국방·군사시설	• 연면적 1000m² 이상
⑬ **교**육연구시설·**동**식물관련시설 ⑭ **자**원순환관련시설·**교**정 및 군사시설(국방·군사시설 제외) ⑮ **수**련시설(숙박시설이 있는 것 제외) ⑯ 묘지관련시설	• 연면적 2000m² 이상
⑰ 지하가 중 터널	• 길이 1000m 이상
⑱ 지하구 ⑲ 노유자생활시설 ⑳ 공동주택 ㉑ 숙박시설 ㉒ **6층** 이상인 건축물 ㉓ 조산원 및 산후조리원 ㉔ 전통시장 ㉕ 요양병원(정신병원, 의료재활시설 제외)	• 전부
㉖ 특수가연물 저장·취급	• 지정수량 **500배** 이상 [보기 ①]
㉗ 수련시설(숙박시설이 있는 것)	• 수용인원 **100명** 이상 [보기 ③]
㉘ 발전시설	• 전기저장시설

기억법 근위의복6, 교동자교수2

답 ②

59

★★★

21.05.문60
19.04.문42
15.03.문43
11.06.문48
06.03.문44

소방기본법령상 소방대장은 화재, 재난·재해 그 밖의 위급한 상황이 발생한 현장에 소방활동구역을 정하여 소방활동에 필요한 자로서 대통령령으로 정하는 사람 외에는 그 구역에의 출입을 제한할 수 있다. 다음 중 소방활동구역에 출입할 수 없는 사람은?

① 소방활동구역 안에 있는 소방대상물의 소유자·관리자 또는 점유자

② 전기·가스·수도·통신·교통의 업무에 종사하는 사람으로서 원활한 소방활동을 위하여 필요한 사람

③ 시·도지사가 소방활동을 위하여 출입을 허가한 사람

④ 의사·간호사 그 밖에 구조·구급업무에 종사하는 사람

③ 시·도지사 → 소방대장

기본령 8조
소방활동구역 출입자
(1) **소방활동구역** 안에 있는 **소유자·관리자** 또는 **점유자** [보기 ①]
(2) **전기·가스·수도·통신·교통**의 업무에 종사하는 자로서 원활한 **소방활동**을 위하여 필요한 자 [보기 ②]
(3) **의사·간호사**, 그 밖에 구조·구급업무에 종사하는 자 [보기 ④]
(4) **취재인력** 등 보도업무에 종사하는 자
(5) **수사업무**에 종사하는 자
(6) **소방대장**이 소방활동을 위하여 **출입**을 **허가**한 자 [보기 ③]

🔖 용어

소방활동구역
화재, 재난·재해 그 밖의 위급한 상황이 발생한 현장에 정하는 구역

답 ③

★★★
60 소방기본법령상 소방업무의 응원에 관한 설명으로 옳은 것은?

22.03.문54
18.03.문44
15.05.문55
11.03.문54

① 소방청장은 소방활동을 할 때에 필요한 경우에는 시·도지사에게 소방업무의 응원을 요청해야 한다.

② 소방업무의 응원을 위하여 파견된 소방대원은 응원을 요청한 소방본부장 또는 소방서장의 지휘에 따라야 한다.

③ 소방업무의 응원요청을 받은 소방서장은 정당한 사유가 있어도 그 요청을 거절할 수 없다.

④ 소방서장은 소방업무의 응원을 요청하는 경우를 대비하여 출동 대상지역 및 규모와 소요경비의 부담 등에 관하여 필요한 사항을 대통령령으로 정하는 바에 따라 이웃하는 소방서장과 협의하여 미리 규약으로 정하여야 한다.

해설 **기본법 제11조**
소방업무의 응원
(1) **소방본부장**이나 **소방서장**은 소방활동을 할 때에 긴급한 경우에는 이웃한 소방본부장 또는 소방서장에게 소방업무의 응원을 요청할 수 있다. 보기 ①
(2) 소방업무의 응원요청을 받은 **소방본부장** 또는 **소방서장**은 정당한 사유 없이 그 요청을 거절하여서는 아니 된다. 보기 ③
(3) 소방업무의 응원을 위하여 파견된 소방대원은 응원을 **요청한 소방본부장** 또는 **소방서장**의 지휘에 따라야 한다. 보기 ②
(4) **시·도지사**는 소방업무의 응원을 요청하는 경우를 대비하여 출동 대상지역 및 규모와 소요경비의 부담 등에 관하여 필요한 사항을 **행정안전부령**으로 정하는 바에 따라 이웃하는 **시·도지사**와 협의하여 미리 규약으로 정하여야 한다. 보기 ④

> ① 소방청장 → 소방본부장이나 소방서장
> ③ 정당한 사유가 있어도 → 정당한 사유 없이
> ④ 소방서장 → 시·도지사, 대통령령 → 행정안전부령

답 ②

제4과목 　**소방기계시설의 구조 및 원리** ••

★★★
61 하향식 폐쇄형 스프링클러 헤드의 살수에 방해가 되지 않도록 헤드 주위 반경 몇 센티미터 이상의 살수공간을 확보하여야 하는가?

22.03.문76
18.04.문71
11.10.문70

① 30
② 40
③ 50
④ 60

해설 (1) **스프링클러설비헤드**의 **설치기준**(NFTC 103 2.7.7)
　㉠ 살수가 방해되지 아니하도록 스프링클러헤드로부터 반경 **60cm 이상**의 공간을 보유할 것(단, **벽과 스프링클러헤드**간의 공간은 **10cm 이상**) 보기 ④
　㉡ 스프링클러헤드와 그 부착면과의 거리는 **30cm 이하**로 할 것
　㉢ 측벽형 스프링클러헤드를 설치하는 경우 긴 변의 한쪽 벽에 일렬로 설치(폭이 **4.5~9m 이하**인 실에 있어서는 긴 변의 양쪽에 각각 일렬로 설치하되 마주 보는 스프링클러헤드가 나란히 꼴이 되도록 설치)하고 **3.6m 이내**마다 설치할 것
　㉣ 상부에 설치된 헤드의 방출수에 따라 감열부에 영향을 받을 우려가 있는 헤드에는 방출수를 차단할 수 있는 유효한 **차폐판**을 설치할 것

(2) **스프링클러헤드**

거리	적용
10cm 이상	**벽**과 **스프링클러헤드** 간의 공간
60cm 이상 보기 ④	헤드 반경
30cm 이하	헤드와 부착면과의 이격거리

답 ④

★★★
62 소화기구 및 자동소화장치의 화재안전기준에 따라 옥내소화전설비가 설치된 특정소방대상물에서 소형소화기 감면기준은?

① 소화기의 2분의 1을 감소할 수 있다.
② 소화기의 4분의 3을 감소할 수 있다.
③ 소화기의 3분의 1을 감소할 수 있다.
④ 소화기의 3분의 2를 감소할 수 있다.

해설 **소화기**의 **감소기준**

감소대상	감소기준	적용설비
소형소화기	$\dfrac{1}{2}$	• 대형소화기
	$\dfrac{2}{3}$ 보기 ④	• 옥내·외소화전설비 • 스프링클러설비 • 물분무등소화설비

대형소화기의 설치면제기준

면제대상	대체설비
대형소화기	• **옥내** · **외**소화전설비 • **스**프링클러설비 • **물**분무등소화설비

기억법 **옥내외 스물대**

답 ④

★★
63
16.03.문78
12.05.문73

스프링클러헤드를 설치하는 천장과 반자사이, 덕트, 선반 등의 각 부분으로부터 하나의 스프링클러헤드까지의 수평거리 적용기준으로 잘못된 항목은?

① 특수가연물 저장 랙크식 창고 : 2.5m 이하
② 공동주택(아파트) 세대 내의 거실 : 3.2m 이하
③ 내화구조의 사무실 : 2.3m 이하
④ 비내화구조의 판매시설 : 2.1m 이하

해설 ① 특수가연물 저장 랙크식 창고 : 1.7m 이하

수평거리(R)

설치장소	설치기준
무대부 · **특**수가연물 →	수평거리 **1.7m** 이하
기타구조	수평거리 **2.1m** 이하 보기 ④
내화구조	수평거리 **2.3m** 이하 보기 ③
랙크식 창고	수평거리 **2.5m** 이하
공동주택(**아**파트) 거실	수평거리 **3.2m** 이하 보기 ②

기억법 **무기내랙아(무기 내려놔 아!)**

답 ①

★★
64
20.06.문66
18.04.문69
10.03.문65

폐쇄형 스프링클러 70개를 담당할 수 있는 급수관의 구경은 몇 mm인가?

① 65
② 80
③ 90
④ 100

해설 **스프링클러헤드 수별 급수관의 구경**(NFTC 103)

급수관의 구경 구 분	25 mm	32 mm	40 mm	50 mm	65 mm	80 mm	90 mm	100 mm	125 mm	150 mm
폐쇄형 헤드수	2개	3개	5개	10개	30개	60개	80개	100개	160개	161개 이상
개방형 헤드수	1개	2개	5개	8개	15개	27개	40개	55개	90개	91개 이상

※ 폐쇄형 스프링클러헤드 : 최대면적 3000m² 이하

비교

옥내소화전설비

배관 구경	40mm	50mm	65mm	80mm	100mm
방수량	130 L/min	260 L/min	390 L/min	520 L/min	650 L/min
소화전수	1개	2개	3개	4개	5개

• 폐쇄형 헤드로 70개보다 크거나 같은 값을 표에서 찾아보면 80개이므로 90mm 선택

답 ③

★★★
65
19.09.문79
15.05.문79
12.09.문68
11.10.문65
98.07.문68

스프링클러설비의 누수로 인한 유수검지장치의 오작동을 방지하기 위한 목적으로 설치하는 것은?

① 솔레노이드밸브
② 리타딩챔버
③ 물올림장치
④ 성능시험배관

해설 **리타딩챔버의 역할**
(1) **오**작동(오보) 방지
(2) 안전밸브의 역할
(3) 배관 및 압력스위치의 손상보호

기억법 **오리(오리 꽥!꽥!)**

참고

리타딩챔버(retarding chamber)
• 누수로 인한 유수검지장치의 오동작을 방지하기 위한 안전장치로서 안전밸브의 역할, 배관 및 압력스위치가 손상되는 것을 방지한다.
• 리타딩챔버의 용량은 7.5ℓ형이 주로 사용되며, 압력스위치의 작동지연시간은 약 20초 정도이다.

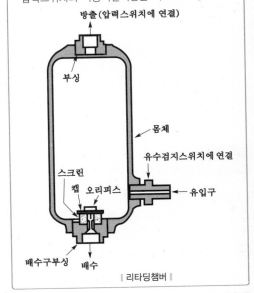

∥ 리타딩챔버 ∥

답 ②

★
66 다음 중 연결송수관설비의 구조와 관계가 없는 것은?

① 송수구

② 방수기구함

③ 방수구

④ 유수검지장치

해설

④ 유수검지장치 : 스프링클러설비의 구성요소

연결송수관설비 주요구성

① 가압송수장치

② 송수구 보기 ①

③ 방수구 보기 ③

④ 방수기구함 보기 ②

⑤ 배관

⑥ 전원 및 배선

참고

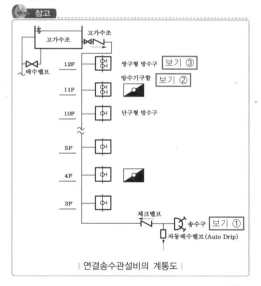

| 연결송수관설비의 계통도 |

답 ④

★★★
67 지하구의 화재안전기준에 따라 연소방지설비의 살수구역은 환기구 등을 기준으로 환기구 사이의 간격으로 최대 몇 m 이내마다 1개 이상의 방수헤드를 설치하여야 하는가?

20.09.문67
17.03.문73
14.03.문62

① 150 　　② 350

③ 700 　　④ 1000

해설 **연소방지설비 헤드**의 **설치기준**(NFPC 605 8조, NFTC 605 2.4.2)

(1) **천장** 또는 **벽면**에 설치하여야 한다.

(2) 헤드 간의 수평거리

스프링클러헤드	연소방지설비 전용헤드
1.5m 이하	2m 이하

(3) 소방대원의 출입이 가능한 환기구·작업구마다 지하구의 양쪽 방향으로 살수헤드를 설정하되, 한쪽 방향의 살수구역의 길이는 **3m** 이상으로 할 것(단, 환기구 사이의 간격이 **700m**를 초과할 경우에는 700m 이내마다 살수구역을 설정하되, 지하구의 구조를 고려하여 방화벽을 설치한 경우에는 제외) 보기 ③

기억법 연방70

비교

연결살수설비 헤드 간 수평거리

스프링클러헤드	연결살수설비 전용헤드
2.3m 이하	3.7m 이하

참고

연소방지설비

이 설비는 **700m 이하**마다 헤드를 설치하여 **지하구**의 화재를 진압하는 것이 목적이 아니고 **화재확산을 막는 것**을 주목적으로 한다.

$$살수구역수 = \frac{환기구\ 사이의\ 간격\,[m]}{700m} - 1(절상)$$

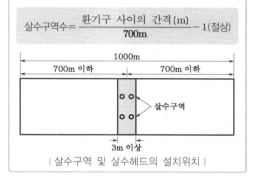

| 살수구역 및 살수헤드의 설치위치 |

답 ③

★★★
68 다음 소화기구 및 자동소화장치의 화재안전기준에 관한 설명 중 ( ) 안에 해당하는 설비가 아닌 것은?

22.09.문61
15.03.문62
07.05.문62

대형소화기를 설치하여야 할 특정소방대상물 또는 그 부분에 ( ), ( ), ( ) 또는 옥외소화전설비를 설치한 경우에는 해당 설비의 유효범위 안의 부분에 대하여는 대형소화기를 설치하지 아니할 수 있다.

① 스프링클러설비

② 제연설비

③ 물분무등소화설비

④ 옥내소화전설비

해설 대형소화기의 설치면제기준

면제대상	대체설비
대형소화기	• **옥**내 · **외**소화전설비 [보기 ④] • **스**프링클러설비 [보기 ①] • **물**분무등소화설비 [보기 ③]

> [기억법] 옥내외 스물대

비교 소화기의 감소기준

감소대상	감소기준	적용설비
소형소화기	$\frac{1}{2}$	• 대형소화기
	$\frac{2}{3}$	• 옥내 · 외소화전설비 • 스프링클러설비 • 물분무등소화설비

답 ②

69 차고 및 주차장에 단백포 소화약제를 사용하는 포소화설비를 하려고 한다. 바닥면적 1m²에 대한 포소화약제의 1분당 방사량의 기준은?

16.10.문64
12.09.문67

① 3.7L 이상　② 5.0L 이상
③ 6.5L 이상　④ 8.0L 이상

해설 소방대상물별 **약제저장량**(소화약제 기준)(NFPC 105 제12조, NFTC 105 2.9.2)

소방대상물	포소화약제의 종류	방사량
• 차고 · 주차장 • 항공기 격납고	• 수성막포	3.7L/m²분
	• 단백포	6.5L/m²분 [보기 ③]
	• 합성계면활성제포	8.0L/m²분
• 특수가연물 저장 · 취급소	• 수성막포 • 단백포 • 합성계면활성제포	6.5L/m²분

답 ③

70 다음 중 건식 연결송수관설비에서의 설치순서로 옳은 것은?

① 송수구 → 자동배수밸브 → 체크밸브 → 자동 배수밸브
② 송수구 → 체크밸브 → 자동배수밸브 → 체크 밸브
③ 송수구 → 체크밸브 → 자동배수밸브 → 개폐 밸브
④ 송수구 → 자동배수밸브 → 체크밸브 → 개폐 밸브

해설 자동배수밸브 및 체크밸브의 설치(NFTC 502 2.1.1.8.1, 2.1.1.8.2)

습식	건식
송수구-자동 배수밸브-체크밸브	**송**수구-**자**동 배수밸브-**체**크밸브-**자**동배수밸브
	> [기억법] 송자체자건

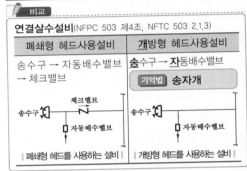

| 습식 | 건식 |

비교
연결살수설비(NFPC 503 제4조, NFTC 503 2.1.3)

폐쇄형 헤드사용설비	개방형 헤드사용설비
송수구 → 자동 배수밸브 → 체크밸브	**송**수구 → **자**동배수밸브 > [기억법] 송자개

| 폐쇄형 헤드를 사용하는 설비 | 개방형 헤드를 사용하는 설비 |

답 ①

71 옥내소화설비의 압력수조를 이용한 가압송수장 치에 있어서 압력수조에 설치하는 것이 아닌 것은?

22.04.문75
17.05.문63

① 물올림장치
② 수위계
③ 맨홀
④ 자동식 공기압축기

해설 **물올림장치** : 수원의 수위가 펌프보다 낮은 위치에 있을 때 설치하며 **펌프**와 **후드 밸브** 사이의 흡입관 내에 항상 **물**을 **충만**시켜 펌프가 물을 흡입할 수 있도록 하는 설비

필요설비

고가수조	압력수조
• 수위계 • 배수관 • 급수관 • 맨홀 • **오**버플로우관	• **수**위계 [보기 ②] • **배**수관 • **급**수관 • **맨**홀 [보기 ③] • **급**기관 • **압**력계 • **안**전장치 • **자**동식 공기압축기 [보기 ④]

> [기억법] 고오(GO!), 기안자 배급수맨

답 ①

★★★ 72

18.03.문74
11.06.문67

5층 건물의 연면적 6500m²인 소방대상물에 설치되어야 하는 소화수조 또는 저수조의 저수량은 최소 얼마 이상이 되어야 하는가? (단, 각층의 바닥면적은 동일하다.)

① 180m³ 이상
② 200m³ 이상
③ 220m³ 이상
④ 240m³ 이상

해설 (1) 1~2층 면적합계

$$65000 \times \frac{2층}{5층} = 26000m^2$$

(2) **수화수조** 또는 **저수조의 저수량 산출**(NFTC 402)

구 분	기준면적
지상 1층 및 2층의 바닥면적의 합계가 15000m² 이상인 소방대상물	→ 7500m²
기 타	12500m²

15000m² 이상이므로 7500m²적용

(3) **저수량**

$$저수량 = \frac{연면적}{기준면적}(절상) \times 20m^3$$

$$= \frac{65000}{7500} = 8.67 = 9(절상)$$

$$= 9 \times 20m^3$$

$$= 180m^3$$

답 ①

★★★ 73

19.09.문63
18.04.문64
16.10.문77
15.09.문77
11.03.문68

소화수조 및 저수조의 화재안전기준에 따라 소화용수 소요수량이 50m³일 때 소화용수설비에 설치하는 채수구는 몇 개가 소요되는가?

① 1   ② 2
③ 3   ④ 4

해설 소화수조 · 저수조
(1) 흡수관 투입구

소요수량	80m³ 미만	80m³ 이상
흡수관 투입구의 수	1개 이상	2개 이상

(2) **채수구**

소요수량	20~40m³ 미만	40~100m³ 미만	100m³ 이상
채수구의 수	1개	2개 보기②	3개

 용어

채수구
소방차의 소방호스와 접결되는 흡입구

답 ②

★★ 74

20.09.문80
05.09.문69

할로겐 화합물 소화약제의 저장용기에서 가압용 가스용기는 질소가스가 충전된 것으로 하고, 그 압력은 21℃에서 최대 얼마의 압력으로 축압되어야 하는가?

① 2.2MPa
② 3.2MPa
③ 4.2MPa
④ 5.2MPa

해설 **소화약제**의 **저장용기** 등(NFPC 107 4조, NFTC 107 2.1.3, 2.1.5, 2.1.6)
(1) 가압용 가스용기는 질소가스가 충전된 것으로 하고, 그 압력은 21℃에서 **2.5MPa** 또는 **4.2MPa**이 되도록 할 것 보기③
(2) 가압식 저장용기에는 **2.0MPa** 이하의 압력으로 조정할 수 있는 **압력조정장치**를 설치할 것
(3) 하나의 구역을 담당하는 소화약제 저장용기의 소화약제량의 체적합계보다 그 소화약제 방출시 방출경로가 되는 배관(집합관 포함)의 내용적이 **1.5배 이상**일 경우에는 해당 방호구역에 대한 설비는 **별도 독립방식**으로 할 것

중요

할론소화약제 저장용기의 설치기준

구 분		할론 1301	할론 1211	할론 2402
저장압력		2.5MPa 또는 4.2MPa	1.1MPa 또는 2.5MPa	–
방출압력		0.9MPa	0.2MPa	0.1MPa
충전비	가압식	0.9~1.6 이하	0.7~1.4 이하	0.51~0.67 미만
	축압식			0.67~2.75 이하

(1) 축압식 저장용기의 압력은 온도 20℃에서 **할론 1211**을 저장하는 것은 1.1MPa 또는 2.5MPa, **할론 1301**을 저장하는 것은 2.5MPa 또는 4.2MPa이 되도록 **질소가스**로 축압할 것
(2) 저장용기의 충전비는 **할론 2402**를 저장하는 것 중 가압식 저장용기는 0.51 이상 0.67 미만, 축압식 저장용기는 0.67 이상 2.75 이하, **할론 1211**은 0.7 이상 1.4 이하, **할론 1301**은 0.9 이상 1.6 이하로 할 것

답 ③

75 ★★★

스프링클러설비의 화재안전기준상 가압송수장치에서 폐쇄형 스프링클러헤드까지 배관 내에 항상 물이 가압되어 있다가 화재로 인한 열로 폐쇄형 스프링클러헤드가 개방되면 배관 내에 유수가 발생하여 습식 유수검지장치가 작동하게 되는 스프링클러설비는?

① 건식 스프링클러설비
② 습식 스프링클러설비
③ 부압식 스프링클러설비
④ 준비작동식 스프링클러설비

해설 **스프링클러설비의 종류**

종 류	설 명	헤드
습식 스프링클러설비 보기 ②	**습식** 밸브의 **1차측** 및 **2차측** 배관 내에 항상 **가압수**가 충수되어 있다가 화재발생시 열에 의해 헤드가 개방되어 소화한다.	폐쇄형
건식 스프링클러설비	**건식** 밸브의 **1차측**에는 **가압수**, **2차측**에는 **공기**가 압축되어 있다가 화재발생시 열에 의해 헤드가 개방되어 소화한다.	폐쇄형
준비작동식 스프링클러설비	① **준비작동밸브**의 **1차측**에는 **가압수**, 2차측에는 **대기압** 상태로 있다가 화재발생시 감지기에 의하여 **준비작동밸브**(preaction valve)를 개방하여 헤드까지 가압수를 송수시켜 놓고 열에 의해 헤드가 개방되면 소화한다. ② **화재감지기**의 작동에 의해 밸브가 개방되고 다시 열에 의해 **헤드**가 개방되는 방식이다. • 준비작동밸브=준비작동식밸브	폐쇄형
부압식 스프링클러설비	준비작동식 밸브의 **1차측**에는 **가압수**, **2차측**에는 **부압(진공)** 상태로 있다가 화재발생시 감지기에 의하여 준비작동식 밸브(preaction valve)를 개방하여 헤드까지 가압수를 송수시켜 놓고 열에 의해 헤드가 개방되면 소화한다.	폐쇄형
일제살수식 스프링클러설비	**일제개방밸브**의 **1차측**에는 **가압수**, **2차측**에는 대기압상태로 있다가 화재발생시 감지기에 의하여 **일제개방밸브**(deluge valve)가 개방되어 소화한다.	개방형

답 ②

76 ★

할로겐화합물 및 불활성기체 소화설비의 화재안전기준에 따른 할로겐화합물 및 불활성기체 소화설비의 배관설치기준으로 틀린 것은?

① 강관을 사용하는 경우의 배관은 입력배관용 탄소강관(KS D 3562) 또는 이와 동등 이상의 강도를 가진 것으로 사용할 것
② 강관을 사용하는 경우의 배관은 아연도금 등에 따라 방식처리된 것을 사용할 것
③ 배관은 전용으로 할 것
④ 동관을 사용하는 경우 배관은 이음이 많고 동 및 동합금관(KS D 5301)의 것을 사용할 것

해설 ④ 이음이 많고 → 이음이 없는

할로겐화합물 및 불활성기체 소화설비의 배관설치기준
(NFPC 107A 10조, NFTC 107A 2.7.1.2)

강 관	동 관
압력배관용 탄소강관(KS D 3562) 또는 이와 동등 이상의 강도를 가진 것으로서 **아연도금** 등에 따라 방식처리된 것	**이음이 없는 동** 및 **동합금관** (KS D 5301) 보기 ④

답 ④

77 ★★★

분말소화설비의 소화약제 중 차고 또는 주차장에 사용할 수 있는 것은?

① 탄산수소나트륨을 주성분으로 한 분말
② 탄산수소칼륨을 주성분으로 한 분말
③ 탄산수소칼륨과 요소가 화합된 분말
④ 인산염을 주성분으로 한 분말

해설 **분말소화약제**

종 별	분자식	착 색	적응화재	비 고
제1종	중탄산나트륨 (NaHCO₃)	백색	BC급	**식용유** 및 **지방질유**의 화재에 적합
제**2**종	중탄산칼륨 (KHCO₃)	담자색 (담회색)	BC급	–
제3종	제1인산암모늄 (NH₄H₂PO₄) 보기 ④	담홍색	ABC급	**차고·주차장**에 적합
제4종	중탄산칼륨 +요소 (KHCO₃+ (NH₂)₂CO)	회(백)색	BC급	–

- 중탄산나트륨=탄산수소나트륨
- 중탄산칼륨=탄산**수소칼**륨
- 제1인산암모늄=인산암모늄=인산염 [보기 ④]
- 중탄산칼륨+요소=탄산수소칼륨+요소

기억법 2수칼(**이수**역에 **칼**이 있다.)

답 ④

★★★
78 차고·주차장의 부분에 호스릴포소화설비 또는 포소화전설비를 설치할 수 있는 기준 중 틀린 것은?

22.09.문68
18.03.문64
17.05.문70
17.03.문72
17.03.문80
16.05.문67
13.06.문62
09.03.문79

① 지상 1층으로서 지붕이 없는 부분
② 고가 밑의 주차장 등으로서 주된 벽이 없고 기둥뿐이거나 주위가 위해방지용 철주 등으로 둘러싸인 부분
③ 옥외로 통하는 개구부가 상시 개방된 구조의 부분으로서 그 개방된 부분의 합계면적이 해당 차고 또는 주차장의 바닥면적의 20% 이상인 부분
④ 완전개방된 옥상주차장

해설
③ 무관한 내용

포소화설비의 적응대상(NFPC 105 4조, NFTC 105 2.1.1)

특정소방대상물	설비 종류
• 차고·주차장 • 항공기격납고 • 공장·창고(특수가연물 저장·취급)	• 포워터스프링클러설비 • 포헤드설비 • 고정포방출설비 • 압축공기포소화설비
• 완전개방된 옥상주차장(주된 벽이 없고 기둥뿐이거나 주위가 위해방지용 철주 등으로 둘러싸인 부분) [보기 ④] • **지상 1층**으로서 지붕이 없는 차고·주차장 [보기 ①] • 고가 밑의 주차장(주된 벽이 없고 기둥뿐이거나 주위가 위해방지용 철주 등으로 둘러싸인 부분) [보기 ②]	• 호스릴포소화설비 • 포소화전설비
• 발전기실 • 엔진펌프실 • 변압기 • 전기케이블실 • 유압설비	• 고정식 압축공기포소화설비(바닥면적 합계 300m² 미만)

답 ③

★★
79 건축물의 층수가 40층인 특별피난계단의 계단실 및 부속실 제연설비의 비상전원은 몇 분 이상 유효하게 작동할 수 있어야 하는가?

17.05.문63
06.09.문79

① 20   ② 30
③ 40   ④ 60

해설 **비상전원 용량**

설비의 종류	비상전원 용량
• **자**동화재탐지설비 • 비상**경**보설비 • **자**동화재속보설비	**10**분 이상
• 유도등 • 비상콘센트설비 • 제연설비 • 물분무소화설비 • 옥내소화전설비(30층 미만) • 특별피난계단의 계단실 및 부속실 제연설비(30층 미만)	**20**분 이상
• 무선통신보조설비의 **증**폭기	**30**분 이상
• 옥내소화전설비(30~49층 이하) • 특별피난계단의 계단실 및 부속실 제연설비(30~49층 이하) • 연결송수관설비(30~49층 이하) • 스프링클러설비(30~49층 이하)	**40**분 이상 [보기 ③]
• 유도등·비상조명등(지하상가 및 11층 이상) • 옥내소화전설비(50층 이상) • 특별피난계단의 계단실 및 부속실 제연설비(50층 이상) • 연결송수관설비(50층 이상) • 스프링클러설비(50층 이상)	**60**분 이상

기억법 경자비1(**경자**라는 이름은 **비일**비재하게 많다.)
3증(**3중**고)

답 ③

★★★
80 피난기구의 화재안전기준에 따른 피난기구의 설치 및 유지에 관한 사항 중 틀린 것은?

22.09.문67
22.04.문63
20.08.문77
19.04.문76
16.03.문74
15.03.문61
13.03.문70

① 피난기구를 설치하는 개구부는 서로 동일 직선상이 아닌 위치에 있을 것
② 4층 이상의 층에 설치하는 피난사다리는 고강도 경량폴리에틸렌 재질을 사용할 것
③ 피난기구는 특정소방대상물의 기둥·바닥 및 보 등 구조상 견고한 부분에 볼트조임·매입 및 용접 기타의 방법으로 견고하게 부착할 것
④ 완강기 로프 길이는 부착위치에서 피난상 유효한 착지면까지의 길이로 할 것

해설
② 고강도 경량폴리에틸렌 재질을 사용할 것→ 금속성 고정사다리를 설치할 것

피난기구의 설치기준(NFPC 301)
(1) 피난기구는 계단·피난구 기타 피난시설로부터 적당한 거리에 있는 안전한 구조로 된 피난 또는 소화활동상 유효한 개구부(가로 0.5m 이상, 세로 1m 이상)에 고정하여 설치하거나 필요한 때에 신속하고 유효하게 설치할 수 있는 상태에 둘 것

(2) 피난기구는 특정소방대상물의 **기둥·바닥** 및 **보** 등 구조상 견고한 부분에 볼트조임·매입 및 용접 등의 방법으로 견고하게 부착할 것 보기 ③

(3) **4층 이상**의 층에 피난사다리(하향식 피난구용 내림식사다리 제외)를 설치하는 경우에는 **금속성 고정사다리**를 설치하고, 당해 고정사다리에는 쉽게 피난할 수 있는 구조의 **노대**를 설치할 것 보기 ②

(4) 완강기는 강하시 로프가 건축물 또는 구조물 등과 접촉하여 손상되지 않도록 하고, 로프의 길이는 부착위치에서 지면 또는 기타 피난상 유효한 **착지면**까지의 **길이**로 할 것 보기 ④

(5) 피난기구를 설치하는 **개구부**는 서로 **동일 직선상**이 **아닌 위치**에 있을 것 보기 ①

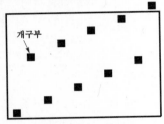

‖ 동일 직선상이 아닌 위치 ‖

답 ②

▮2023년 기사 제4회 필기시험 CBT 기출복원문제▮	수험번호	성명

자격종목	종목코드	시험시간	형별		
소방설비기사(기계분야)		**2시간**			

※ 각 문항은 4지택일형으로 질문에 가장 적합한 보기 항을 선택하여 체크하여야 합니다.

 제 1 과목 **소방원론**

01 방호공간 안에서 화재의 세기를 나타내고 화재가 진행되는 과정에서 온도에 따라 변하는 것으로 온도 – 시간 곡선으로 표시할 수 있는 것은?
(19.04.문16 02.03.문19)

① 화재저항
② 화재가혹도
③ 화재하중
④ 화재플럼

 해설

구 분	화재하중 (fire load)	화재가혹도 (fire severity)
정의	화재실 또는 화재구획의 단위바닥면적에 대한 등가 가연물량값	① 화재의 양과 질을 반영한 화재의 강도 ② 방호공간 안에서 화재의 세기를 나타냄 보기 ②
계산식	화재하중 $$q = \frac{\Sigma G_t H_t}{HA} = \frac{\Sigma Q}{4500A}$$ 여기서, q : 화재하중[kg/m²] G_t : 가연물의 양[kg] H_t : 가연물의 단위발열량 [kcal/kg] H : 목재의 단위발열량 [kcal/kg] A : 바닥면적[m²] ΣQ : 가연물의 전체 발열량[kcal]	화재가혹도 =지속시간×최고온도 보기 ② 화재시 지속시간이 긴 것은 가연물량이 많은 양적 개념이며, 연소시 최고온도는 최성기 때의 온도로서 화재의 질적 개념이다.
비교	① 화재의 **규모**를 판단하는 척도 ② **주수시간**을 결정하는 인자	① 화재의 **강도**를 판단하는 척도 ② **주수율**을 결정하는 인자

용어

화재플럼	화재저항
상승력이 커진 부력에 의해 연소가스와 유입공기가 상승하면서 화염이 섞인 연기 기둥형태를 나타내는 현상	화재시 최고온도의 지속시간을 견디는 내력

답 ②

02 소화원리에 대한 일반적인 소화효과의 종류가 아닌 것은?
(22.04.문05 17.09.문03 12.09.문09)

① 질식소화
② 기압소화
③ 제거소화
④ 냉각소화

해설 **소화의 형태**

구 분	설 명
냉각소화 보기 ④	① **점화원**을 냉각하여 소화하는 방법 ② **증발잠열**을 이용하여 열을 빼앗아 가연물의 온도를 떨어뜨려 화재를 진압하는 소화방법 ③ **다량**의 **물**을 뿌려 소화하는 방법 ④ 가연성 물질을 **발화점 이하**로 **냉각**하여 소화하는 방법 ⑤ **식용유화재**에 신선한 **야채**를 넣어 소화하는 방법 ⑥ 용융잠열에 의한 **냉각효과**를 이용하여 소화하는 방법 **기억법** 냉점증발
질식소화 보기 ①	① 공기 중의 **산소농도를 16%(10~15%)** 이하로 희박하게 하여 소화하는 방법 ② 산화제의 농도를 낮추어 연소가 지속될 수 없도록 소화하는 방법 ③ 산소공급을 차단하여 소화하는 방법 ④ 산소의 농도를 낮추어 소화하는 방법 ⑤ 화학반응으로 발생한 **탄산가스**에 의한 소화방법 **기억법** 질산
제거소화 보기 ③	**가연물**을 **제거**하여 소화하는 방법

부촉매 소화 (=화학 소화)	① **연쇄반응**을 **차단**하여 소화하는 방법 ② 화학적인 방법으로 화재를 억제하여 소화하는 방법 ③ **활성기**(free radical, 자유라디칼)의 **생성**을 **억제**하여 소화하는 방법 ④ 할론계 소화약제 [기억법] 부억(부엌)
희석소화	① 기체·고체·액체에서 나오는 분해가스나 증기의 농도를 낮춰 소화하는 방법 ② 불연성 가스의 **공기 중 농도**를 높여 소화하는 방법

답 ②

★★
03 위험물안전관리법상 위험물의 정의 중 다음 ( ) 안에 알맞은 것은?

[17.03.문52]

위험물이라 함은 (㉠) 또는 발화성 등의 성질을 가지는 것으로서 (㉡)이/가 정하는 물품을 말한다.

① ㉠ 인화성, ㉡ 대통령령
② ㉠ 휘발성, ㉡ 국무총리령
③ ㉠ 인화성, ㉡ 국무총리령
④ ㉠ 휘발성, ㉡ 대통령령

해설 **위험물법 2조**
용어의 정의

용어	뜻
위험물	**인화성** 또는 **발화성** 등의 성질을 가지는 것으로서 **대통령령**이 정하는 물품 [보기 ①]
지정수량	위험물의 종류별로 위험성을 고려하여 대통령령이 정하는 수량으로서 제조소 등의 설치허가 등에 있어서 **최저**의 기준이 되는 **수량**
제조소	위험물을 제조할 목적으로 **지정수량 이상**의 위험물을 취급하기 위하여 허가를 받은 장소
저장소	지정수량 이상의 위험물을 저장하기 위한 **대통령령**이 정하는 장소
취급소	지정수량 이상의 위험물을 제조 외의 목적으로 취급하기 위한 대통령령이 정하는 장소
제조소 등	제조소·저장소·취급소

답 ①

★★★
04 인화점이 낮은 것부터 높은 순서로 옳게 나열된 것은?

[21.03.문14
18.04.문05
15.09.문02
14.05.문05
14.03.문10
12.03.문01
11.06.문09
11.03.문12
10.05.문11]

① 에틸알코올< 이황화탄소< 아세톤
② 이황화탄소< 에틸알코올< 아세톤
③ 에틸알코올< 아세톤< 이황화탄소
④ 이황화탄소< 아세톤< 에틸알코올

해설

물 질	인화점	착화점
• 프로필렌	-107℃	497℃
• 에틸에테르 디에틸에테르	-45℃	180℃
• 가솔린(휘발유)	-43℃	300℃
• **이황화탄소**	**-30℃**	**100℃**
• 아세틸렌	-18℃	335℃
• **아세톤**	**-18℃**	**538℃**
• 벤젠	-11℃	562℃
• 톨루엔	4.4℃	480℃
• **에틸알코올**	**13℃**	**423℃**
• 아세트산	40℃	-
• 등유	43~72℃	210℃
• 경유	50~70℃	200℃
• 적린	-	260℃

답 ④

★★★
05 상온·상압의 공기 중에서 탄화수소류의 가연물을 소화하기 위한 이산화탄소 소화약제의 농도는 약 몇 %인가? (단, 탄화수소류는 산소농도가 10%일 때 소화된다고 가정한다.)

[22.03.문09
21.09.문03
19.04.문13
17.03.문14
15.03.문14
14.05.문07
12.05.문14]

① 28.57 ② 35.48
③ 49.56 ④ 52.38

해설 (1) **기호**
• O_2 : 10%

(2) CO_2의 **농도**(이론소화농도)

$$CO_2 = \frac{21 - O_2}{21} \times 100$$

여기서, CO_2 : CO_2의 이론소화농도[vol%] 또는 약식으로 [%]
O_2 : 한계산소농도[vol%] 또는 약식으로 [%]

$CO_2 = \frac{21 - O_2}{21} \times 100 = \frac{21 - 10}{21} \times 100 = 52.38\%$

답 ④

★★★
06 건축물에 설치하는 방화벽의 구조에 대한 기준 중 틀린 것은?

[19.09.문14
19.04.문02
18.03.문14
17.09.문16
13.03.문16
12.03.문10
08.09.문05]

① 내화구조로서 홀로 설 수 있는 구조이어야 한다.
② 방화벽의 양쪽 끝은 지붕면으로부터 0.2m 이상 튀어나오게 하여야 한다.
③ 방화벽의 위쪽 끝은 지붕면으로부터 0.5m 이상 튀어나오게 하여야 한다.
④ 방화벽에 설치하는 출입문은 너비 및 높이가 각각 2.5m 이하로 해당 출입문에는 60분＋방화문 또는 60분 방화문을 설치하여야 한다.

해설 ② 0.2m → 0.5m

건축령 제57조
방화벽의 구조

대상 건축물	• 주요구조부가 내화구조 또는 불연재료가 아닌 연면적 1000m² 이상인 건축물
구획단지	• 연면적 1000m² 미만마다 구획
방화벽의 구조	• 내화구조로서 홀로 설 수 있는 구조일 것 보기 ① • 방화벽의 양쪽 끝과 위쪽 끝을 건축물의 외벽면 및 지붕면으로부터 **0.5m** 이상 튀 어나오게 할 것 보기 ②③ • 방화벽에 설치하는 **출입문의 너비** 및 높 이는 각각 **2.5m** 이하로 하고 해당 출입문 에는 60분+방화문 또는 60분 방화문을 설 치할 것 보기 ④

답 ②

★★★
07 분말소화약제 중 탄산수소칼륨(KHCO₃)과 요소
((NH₂)₂CO)와의 반응물을 주성분으로 하는 소
화약제는?

22.04.문18
20.09.문07
19.03.문01
18.04.문06
17.09.문10
17.03.문18
16.10.문06
16.10.문10
16.05.문15
16.03.문09
16.03.문11
15.05.문08
12.09.문15
09.03.문01

① 제1종 분말
② 제2종 분말
③ 제3종 분말
④ 제4종 분말

해설 **분말소화약제**

종별	분자식	착색	적응 화재	비고
제**1**종	탄산수소나트륨 (NaHCO₃)	백색	BC급	**식용유** 및 **지방 질유**의 화재에 적합 **기억법** **1식분(일식 분식)**
제2종	탄산수소칼륨 (KHCO₃)	담자색 (담회색)	BC급	–
제**3**종	제인산암모늄 (NH₄H₂PO₄)	담홍색	ABC급	**차고·주차장**에 적합 **기억법** **3분 차주 (삼보 컴퓨터 차주)**
제**4**종 보기 ④	**탄산수소칼륨 +요소** (KHCO₃+ (NH₂)₂CO)	회(백)색	BC급	

답 ④

★
08 가스 A가 40vol%, 가스 B가 60vol%로 혼합된

13.09.문05
가스의 연소하한계는 몇 vol%인가? (단, 가스 A
의 연소하한계는 4.9vol%이며, 가스 B의 연소
하한계는 4.15vol%이다.)

① 1.82
② 2.02
③ 3.22
④ 4.42

해설 **폭발하한계**

$$\frac{100}{L} = \frac{V_1}{L_1} + \frac{V_2}{L_2} + \cdots\cdots + \frac{V_n}{L_n}$$

여기서, L : 혼합가스의 폭발하한계[vol%]
L_1, L_2, L_n : 가연성 가스의 폭발하한계[vol%]
V_1, V_2, V_n : 가연성 가스의 용량[vol%]

폭발하한계 L 은

$$L = \frac{100}{\dfrac{V_1}{L_1} + \dfrac{V_2}{L_2} + \cdots + \dfrac{V_n}{L_n}}$$

$$= \frac{100}{\dfrac{40}{4.9} + \dfrac{60}{4.15}}$$

$\fallingdotseq 4.42 \text{vol}\%$

> 연소하한계 ≒ 폭발하한계

답 ④

★★★
09 BLEVE 현상을 설명한 것으로 가장 옳은 것은?

19.09.문15
18.09.문08
17.03.문17
16.05.문02
15.03.문01
14.09.문12
14.03.문01
09.05.문10
05.09.문07
05.05.문07
03.03.문11
02.03.문20

① 물이 뜨거운 기름 표면 아래에서 끓을 때 화
재를 수반하지 않고 Over flow되는 현상
② 물이 연소유의 뜨거운 표면에 들어갈 때 발
생되는 Over flow 현상
③ 탱크바닥에 물과 기름의 에멀션이 섞여 있을
때 물의 비등으로 인하여 급격하게 Over
flow되는 현상
④ 탱크 주위 화재로 탱크 내 인화성 액체가 비
등하고 가스부분의 압력이 상승하여 탱크가
파괴되고 폭발을 일으키는 현상

해설 **가스탱크·건축물 내**에서 **발생**하는 **현상**
(1) **가스탱크**

현상	정의
블래비 (BLEVE)	• 과열상태의 탱크에서 내부의 액화가 스가 분출하여 기화되어 폭발하는 현상 • 탱크 주위 화재로 탱크 내 인화성 액체가 비등하고 가스부분의 압력 이 상승하여 탱크가 파괴되고 폭발 을 일으키는 현상 보기 ④

(2) 건축물 내

현 상	정 의
플래시오버 (flash over)	• 화재로 인하여 실내의 온도가 급격히 상승하여 화재가 순간적으로 실내 전체에 확산되어 연소되는 현상
백드래프트 (back draft)	• **통기력**이 좋지 않은 상태에서 연소가 계속되어 산소가 심히 부족한 상태가 되었을 때 **개구부**를 통하여 산소가 공급되면 실내의 가연성 혼합기가 공급되는 **산소의 방향**과 **반대**로 흐르며 급격히 연소하는 현상 • 소방대가 소화활동을 위하여 화재실의 문을 개방할 때 신선한 공기가 유입되어 실내에 축적되었던 가연성 가스가 **단시간**에 **폭발적**으로 **연소**함으로써 화재가 폭풍을 동반하며 **실외**로 **분출**되는 현상

🔑 **중요**

유류탱크에서 발생하는 현상

현 상	정 의
보일오버 (boil over)	• 중질유의 석유탱크에서 장시간 조용히 연소하다 탱크 내의 잔존기름이 갑자기 분출하는 현상 • 유류탱크에서 탱크바닥에 물과 기름의 **에멀션**이 섞여 있을 때 이로 인하여 화재가 발생하는 현상 • 연소유면으로부터 100℃ 이상의 열파가 탱크 **저부**에 고여 있는 물을 비등하게 하면서 연소유를 탱크 밖으로 비산시키며 연소하는 현상 **기억법** **보저**(보자기)
오일오버 (oil over)	• 저장탱크에 저장된 유류저장량이 내용적의 50% 이하로 충전되어 있을 때 화재로 인하여 탱크가 폭발하는 현상
프로스오버 (froth over)	• 물이 점성의 뜨거운 기름 표면 아래에서 끓을 때 화재를 수반하지 않고 용기가 넘치는 현상
슬롭오버 (slop over)	• 물이 연소유의 뜨거운 표면에 들어갈 때 기름 표면에서 화재가 발생하는 현상 • 유화제로 소화하기 위한 물이 수분의 급격한 증발에 의하여 액면이 거품을 일으키면서 열유층 밑의 냉유가 급히 열팽창하여 기름의 일부가 불이 붙은 채 탱크벽을 넘어서 일출하는 현상

답 ④

---

10 제1종 분말소화약제의 열분해반응식으로 옳은 것은?

19.03.문01
18.04.문06
17.09.문10
16.10.문06
16.10.문10
16.10.문11
16.05.문15
16.05.문17
16.03.문09
15.09.문01
15.05.문08
14.09.문10

① $2NaHCO_3 \rightarrow Na_2CO_3 + CO_2 + H_2O$

② $2KHCO_3 \rightarrow K_2CO_3 + CO_2 + H_2O$

③ $2NaHCO_3 \rightarrow Na_2CO_3 + 2CO_2 + H_2O$

④ $2KHCO_3 \rightarrow K_2CO_3 + 2CO_2 + H_2O$

🔑**해설** **분말소화기**(질식효과)

종 별	소화약제	약제의 착색	화학반응식	적응 화재
제1종	탄산수소 나트륨 ($NaHCO_3$)	백색	$2NaHCO_3 \rightarrow$ $Na_2CO_3 + CO_2 + H_2O$ 보기 ①	BC급
제2종	탄산수소 칼륨 ($KHCO_3$)	담자색 (담회색)	$2KHCO_3 \rightarrow$ $K_2CO_3 + CO_2 + H_2O$	BC급
제3종	인산암모늄 ($NH_4H_2PO_4$)	담홍색	$NH_4H_2PO_4 \rightarrow$ $HPO_3 + NH_3 + H_2O$	**AB C급**
제4종	탄산수소 칼륨+요소 ($KHCO_3$+ $(NH_2)_2CO$)	회(백)색	$2KHCO_3+$ $(NH_2)_2CO \rightarrow$ K_2CO_3+ $2NH_3 + 2CO_2$	BC급

• 탄산수소나트륨=중탄산나트륨
• 탄산수소칼륨=중탄산칼륨
• 제1인산암모늄=인산암모늄=인산염
• 탄산수소칼륨+요소=중탄산칼륨+요소

답 ①

---

11 열경화성 플라스틱에 해당하는 것은?

20.09.문04
18.03.문03
13.06.문15
10.09.문07
06.05.문20

① 폴리에틸렌   ② 염화비닐수지

③ 페놀수지   ④ 폴리스티렌

해설 **합성수지**의 **화재성상**

열가소성 수지	열경화성 수지
• PVC수지 • **폴리에틸렌수지** • **폴리스티렌수지**	• 페놀수지 보기 ③ • 요소수지 • 멜라민수지

| • 수지=플라스틱 |

🔑 **용어**

열가소성 수지	열경화성 수지
열에 의해 변형되는 수지	열에 의해 변형되지 않는 수지

기억법 **열가P폴**

답 ③

12

제4류 위험물의 물리·화학적 특성에 대한 설명으로 틀린 것은?

① 증기비중은 공기보다 크다.
② 정전기에 의한 화재발생위험이 있다.
③ 인화성 액체이다.
④ 인화점이 높을수록 증기발생이 용이하다.

해설

④ 인화점이 높을수록 → 인화점이 낮을수록

제4류 위험물

(1) 증기비중은 공기보다 크다. 보기 ①
(2) 정전기에 의한 화재발생위험이 있다. 보기 ②
(3) 인화성 액체이다. 보기 ③
(4) 인화점이 낮을수록 증기발생이 용이하다. 보기 ④
(5) 상온에서 **액체상태**이다(**가연성 액체**).
(6) 상온에서 **안정**하다.

답 ④

13

폭굉(detonation)에 관한 설명으로 틀린 것은?

① 연소속도가 음속보다 느릴 때 나타난다.
② 온도의 상승은 충격파의 압력에 기인한다.
③ 압력상승은 폭연의 경우보다 크다.
④ 폭굉의 유도거리는 배관의 지름과 관계가 있다.

해설

① 느릴 때 → 빠를 때

연소반응(전파형태에 따른 분류)

폭연(deflagration)	폭굉(detonation)
연소속도가 음속보다 느릴 때 발생	① 연소속도가 음속보다 빠를 때 발생 보기 ① ② 온도의 상승은 **충격파**의 압력에 기인한다. 보기 ② ③ 압력상승은 **폭연**의 경우보다 **크다**. 보기 ③ ④ 폭굉의 유도거리는 배관의 **지름**과 **관계**가 있다. 보기 ④

※ **음속** : 소리의 속도로서 약 340m/s이다.

답 ①

14

비수용성 유류의 화재시 물로 소화할 수 없는 이유는?

① 인화점이 변하기 때문
② 발화점이 변하기 때문
③ 연소면이 확대되기 때문
④ 수용성으로 변하여 인화점이 상승하기 때문

해설 경유화재시 주수소화가 부적당한 이유

물보다 비중이 가벼워 물 위에 떠서 **화재면 확대**의 우려가 있기 때문이다.(연소면 확대)

중요

주수소화(물소화)시 위험한 물질

위험물	발생물질
• 무기과산화물	**산소**(O_2) 발생
• 금속분 • 마그네슘 • 알루미늄 • 칼륨 • 나트륨 • 수소화리튬	**수소**(H_2) 발생
• 가연성 액체의 유류화재(경유)	**연소면**(화재면) 확대

답 ③

15

17.09.문05
15.05.문09
15.05.문20
13.06.문03

포소화약제 중 고팽창포로 사용할 수 있는 것은?

① 단백포
② 불화단백포
③ 내알코올포
④ 합성계면활성제포

해설 **포소화약제**

저팽창포	고팽창포
• 단백포소화약제 • 수성막포소화약제 • 내알코올형포소화약제 • 불화단백포소화약제 • 합성계면활성제포소화약제	• **합**성계면활성제포소화약제 보기 ④ **기억법** 고합(고합그룹)

• 저팽창포=저발포
• 고팽창포=고발포

중요

포소화약제의 특징

약제의 종류	특 징
단백포	• 흑갈색이다. • 냄새가 지독하다. • 포안정제로서 **제1철염**을 첨가한다. • 다른 포약제에 비해 **부식성**이 **크다**.
수성막포	• 안전성이 좋아 장기보관이 가능하다. • 내약품성이 좋아 **분말소화약제**와 **겸용** 사용이 가능하다. • 석유류 표면에 신속히 피막을 형성하여 유류증발을 억제한다. • 일명 **AFFF**(Aqueous Film Forming Foam)라고 한다. • 점성이 작기 때문에 가연성 기름의 표면에서 쉽게 피막을 형성한다. • 단백포 소화약제와도 병용이 가능하다. **기억법** 분수

내알코올형포
(내알코올포)
	• 알코올류 위험물(**메탄올**)의 소화에
	  사용한다.
	• 수용성 유류화재(**아세트알데히드,**
	  에스테르류)에 사용한다.
	• 가연성 액체에 사용한다.

불화단백포	• 소화성능이 가장 우수하다. • 단백포와 수성막포의 결점인 열안 정성을 보완시킨다. • **표면하 주입방식**에도 적합하다.
합성계면 활성제포	• **저**팽창포와 **고**팽창포 모두 사용 가 능하다. • 유동성이 좋다. • 카바이트 저장소에는 부적합하다.

기억법 **합저고**

답 ④

★★★ 16 할로겐원소의 소화효과가 큰 순서대로 배열된 것은?

17.09.문15
15.03.문16
12.03.문04

① I > Br > Cl > F
② Br > I > F > Cl
③ Cl > F > I > Br
④ F > Cl > Br > I

해설 **할론소화약제**

부촉매효과(소화효과) 크기	전기음성도(친화력) 크기
I > Br > Cl > F	F > Cl > Br > I

• 소화효과=소화능력
• 전기음성도 크기=수소와의 결합력 크기

중요

할로겐족 원소
(1) 불소 : F
(2) 염소 : Cl
(3) 브롬(취소) : Br
(4) 요오드(옥소) : I

기억법 FClBrI

답 ①

★★ 17 인화알루미늄의 화재시 주수소화하면 발생하는 물질은?

20.06.문12
18.04.문18

① 수소
② 메탄
③ 포스핀
④ 아세틸렌

해설 **인화알루미늄**과 물과의 반응식 보기 ③

$AlP + 3H_2O → Al(OH)_3 + PH_3$
인화알루미늄 물 수산화알루미늄 포스핀=인화수소

비교

(1) 인화칼슘과 물의 반응식
$Ca_3P_2 + 6H_2O → 3Ca(OH)_2 + 2PH_3 ↑$
인화칼슘 물 수산화칼슘 포스핀
(2) 탄화알루미늄과 물의 반응식
$Al_4C_3 + 12H_2O → 4Al(OH)_3 + 3CH_4 ↑$
탄화알루미늄 물 수산화알루미늄 메탄

답 ③

★★★ 18 Fourier법칙(전도)에 대한 설명으로 틀린 것은?

18.03.문13
17.09.문35
17.05.문33
16.10.문40

① 이동열량은 전열체의 단면적에 비례한다.
② 이동열량은 전열체의 두께에 비례한다.
③ 이동열량은 전열체의 열전도도에 비례한다.
④ 이동열량은 전열체 내·외부의 온도차에 비례한다.

해설 ② 비례 → 반비례

공식
(1) **전도**

$$Q = \frac{kA(T_2 - T_1)}{l}$$
←비례
←반비례

여기서, Q : 전도열[W]
k : 열전도율[W/m·K]
A : 단면적[m²]
$(T_2 - T_1)$: 온도차[K]
l : 벽체 두께[m]

(2) **대류**

$$Q = h(T_2 - T_1)$$

여기서, Q : 대류열[W/m²]
h : 열전달률[W/m²·℃]
$(T_2 - T_1)$: 온도차[℃]

(3) **복사**

$$Q = aAF(T_1^4 - T_2^4)$$

여기서, Q : 복사열[W]
a : 스테판-볼츠만 상수[W/m²·K4]
A : 단면적[m²]
F : 기하학적 Factor
T_1 : 고온[K]
T_2 : 저온[K]

중요

열전달의 종류

종류	설명	관련 법칙
전도 (conduction)	하나의 물체가 다른 물체 와 직접 **접촉**하여 열이 이동하는 현상	**푸리에**(Fourier) 의 법칙

종류	설 명	관련 법칙
대류 (convection)	**유체**의 흐름에 의하여 열이 이동하는 현상	**뉴턴**의 법칙
복사 (radiation)	① 화재시 화원과 **격리**된 인접 가연물에 불이 옮겨 붙는 현상 ② 열전달 **매질**이 **없이** 열이 전달되는 형태 ③ 열에너지가 **전자파**의 형태로 옮겨지는 현상으로, **가장 크게 작용**한다.	**스테판-볼츠만**의 법칙

답 ②

★★★ 19

17.05.문13
14.03.문51
13.03.문19

위험물의 유별 성질이 자연발화성 및 금수성 물질은 제 몇류 위험물인가?

① 제1류 위험물
② 제2류 위험물
③ 제3류 위험물
④ 제4류 위험물

해설 위험물령 [별표 1]
위험물

유 별	성 질	품 명
제1류	산화성 고체	• 아염소산염류 • 염소산염류 • 과염소산염류 • 질산염류 • 무기과산화물
제2류	가연성 고체	• 황화린 • **적린** • **유황** • **철분** • 마그네슘
제3류	**자연발화성 물질 및 금수성 물질** [보기 ③]	• 황린 • 칼륨 • 나트륨
제4류	인화성 액체	• 특수인화물 • 알코올류 • 석유류 • 동식물유류
제5류	자기반응성 물질	• 니트로화합물 • 유기과산화물 • 니트로소화합물 • 아조화합물 • 질산에스테르류(셀룰로이드)
제6류	산화성 액체	• 과염소산 • 과산화수소 • 질산

답 ③

★ 20

19.04.문14

물소화약제를 어떠한 상태로 주수할 경우 전기화재의 진압에서도 소화능력을 발휘할 수 있는가?

① 물에 의한 봉상주수
② 물에 의한 적상주수
③ 물에 의한 무상주수
④ 어떤 상태의 주수에 의해서도 효과가 없다.

해설 전기화재(변전실화재) 적응방법
(1) 무상주수 [보기 ③]
(2) 할론소화약제 방사
(3) 분말소화설비
(4) 이산화탄소 소화설비
(5) 할로겐화합물 및 불활성기체 소화설비

참고

물을 주수하는 방법

주수방법	설 명
봉상주수	화점이 멀리 있을 때 또는 고체가연물의 대규모 화재시 사용 **예 옥내소화전**
적상주수	일반 고체가연물의 화재시 사용 **예 스프링클러헤드**
무상주수	화점이 가까이 있을 때 또는 질식효과, 에멀션효과를 필요로 할 때 사용 **예 물분무헤드**

답 ③

제2과목 소방유체역학

★★ 21

17.03.문28
05.05.문23

점성계수의 단위가 아닌 것은?

① poise
② $dyne \cdot s/cm^2$
③ $N \cdot s/m^2$
④ cm^2/s

해설 ④ 동점성계수의 단위

점도(점성계수)

$1poise = 1p = 1g/cm \cdot s = \textbf{1dyne} \cdot \textbf{s/cm}^2$ [보기 ①②]
$1N \cdot s/m^2$ [보기 ③]
$1cp = 0.01g/cm \cdot s$

비교

동점성계수
$1stokes = 1cm^2/s$ [보기 ④]

답 ④

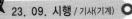

★★★
22

17.03.문25
15.03.문25
12.03.문30

그림과 같이 매끄러운 유리관에 물이 채워져 있을 때 모세관 상승높이 h는 약 몇 m인가?

〔조건〕
㉠ 액체의 표면장력 $\sigma = 0.073\text{N/m}$
㉡ $R = 1\text{mm}$
㉢ 매끄러운 유리관의 접촉각 $\theta \approx 0°$

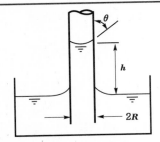

① 0.007   ② 0.015
③ 0.07   ④ 0.15

해설 (1) 기호
• h : ?
• D : 2mm(반지름 $R = 1\text{mm}$이므로 직경(내경) $D = 2\text{mm}$ 주의!)
• 1000mm=1m이므로 2mm=0.002m
• $\theta \approx 0°$ ($\approx$ '약', '거의'라는 뜻)

(2) 모세관현상(capillarity in tube)

$$h = \frac{4\sigma \cos\theta}{\gamma D}$$

여기서, h : 상승높이[m]
σ : 표면장력[N/m]
θ : 각도
γ : 비중량(물의 비중량 9800N/m³)
D : 관의 내경[m]

상승높이 h 는

$h = \dfrac{4\sigma\cos\theta}{\gamma D}$

$= \dfrac{4 \times 0.073\text{N/m} \times \cos 0°}{9800\text{N/m}^3 \times 2\text{mm}}$

$= \dfrac{4 \times 0.073\text{N/m} \times \cos 0°}{9800\text{N/m}^3 \times 0.002\text{m}} \fallingdotseq 0.015\text{m}$

용어
모세관현상
액체와 고체가 접촉하면 상호 **부착**하려는 **성질**을 갖는데 이 **부착력**과 액체의 **응집력**의 **상대적 크기**에 의해 일어나는 현상

답 ②

★★★
23

17.09.문25
08.05.문23

지름이 5cm인 소방노즐에서 물제트가 40m/s의 속도로 건물벽에 수직으로 충돌하고 있다. 벽이 받는 힘은 약 몇 N인가?

① 1204   ② 2253
③ 2570   ④ 3141

해설 (1) 기호
• D : 5cm=0.05m(100cm=1m)
• V : 40m/s
• F : ?

(2) 유량

$$Q = AV = \frac{\pi}{4}D^2 V$$

여기서, Q : 유량[m³/s]
A : 단면적[m²]
V : 유속[m/s]
D : 직경[m]

유량 Q는

$Q = \dfrac{\pi}{4}D^2 V$

$= \dfrac{\pi}{4}(5\text{cm})^2 \times 40\text{m/s}$

$= \dfrac{\pi}{4}(5 \times 10^{-2}\text{m})^2 \times 40\text{m/s} \fallingdotseq 0.0786\text{m}^3/\text{s}$

(3) 힘

$$F = \rho Q V$$

여기서, F : 힘[N]
ρ : 밀도(물의 밀도 1000N·s²/m⁴)
Q : 유량[m³/s]
V : 유속[m/s]

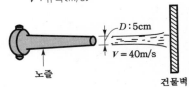

벽이 받는 힘 F는
$F = \rho Q V$
$= 1000\text{N}\cdot\text{s}^2/\text{m}^4 \times 0.0786\text{m}^3/\text{s} \times 40\text{m/s}$
$= 3144\text{N}(\therefore 3141\text{N}$ 정답)

답 ④

★★★
24

19.03.문30
18.09.문26
17.05.문26
10.03.문27
05.09.문28
05.03.문22

그림과 같이 피스톤의 지름이 각각 25cm와 5cm이다. 작은 피스톤을 화살표방향으로 20cm만큼 움직일 경우 큰 피스톤이 움직이는 거리는 약 몇 mm인가? (단, 누설은 없고, 비압축성이라고 가정한다.)

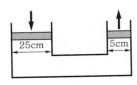

① 2   ② 4
③ 8   ④ 10

해설 (1) **기호**

- D_1 : 25cm
- D_2 : 5cm
- h_2 : 20cm
- h_1 : ?

(2) **압력**

$$P = \gamma h = \frac{F}{A} = \frac{F}{\dfrac{\pi D^2}{4}}$$

여기서, P : 압력[N/cm²]
γ : 비중량[N/cm³]
h : 움직인 높이[cm]
F : 힘[N]
A : 단면적[cm²]
D : 지름(직경)[cm]

힘 $F = \gamma h A$ 에서

$$\cancel{\gamma} h_1 A_1 = \cancel{\gamma} h_2 A_2$$
$$h_1 A_1 = h_2 A_2$$

큰 피스톤이 **움직인 거리** h_1은

$$h_1 = \frac{A_2}{A_1} h_2$$
$$= \frac{\dfrac{\pi}{4} \times (5cm)^2}{\dfrac{\pi}{4} \times (25cm)^2} \times 20cm$$
$$= 0.8cm = 8mm \quad (1cm = 10mm)$$

답 ③

★★
25

17.09.문23
17.03.문29
13.03.문26
13.03.문37

다음 그림과 같이 설치한 피토 정압관의 액주계 눈금 $R = 100mm$일 때 ㉠에서의 물의 유속은 약 몇 m/s인가? (단, 액주계에 사용된 수은의 비중은 13.6이다.)

① 15.7
② 5.35
③ 5.16
④ 4.97

해설 (1) **기호**

- R : 100mm = 0.1m(1000mm = 1m)
- V : ?
- s : 13.6

(2) **비중**

$$s = \frac{\gamma}{\gamma_w}$$

여기서, s : 비중
γ : 어떤 물질의 비중량[N/m³]
γ_w : 물의 비중량(9800N/m³)

수은의 비중량 γ는
$\gamma = s \times \gamma_w = 13.6 \times 9800N/m^3 = 133280N/m^3$

(3) **압력차**

$$\Delta P = p_2 - p_1 = (\gamma_s - \gamma) R$$

여기서, ΔP : U자관 마노미터의 압력차[Pa] 또는 [N/m²]
p_2 : 출구압력[Pa] 또는 [N/m²]
p_1 : 입구압력[Pa] 또는 [N/m²]
R : 마노미터 읽음[m]
γ_s : 어떤 물질의 비중량[N/m³]
γ : 비중량(물의 비중량 9800N/m³)

압력차 ΔP는
$\Delta P = (\gamma_s - \gamma) R = (133280 - 9800)N/m^3 \times 0.1m$
$= 12348N/m^2$

- R : 100mm = 0.1m(1000mm = 1m)

(4) **높이**(압력수두)

$$H = \frac{P}{\gamma}$$

여기서, H : 압력수두[m]
P : 압력[N/m²]
γ : 비중량(물의 비중량 9800N/m³)

압력수두 H는
$$H = \frac{P}{\gamma} = \frac{12348N/m^2}{9800N/m^3} = 1.26m$$

(5) **피토관**(pitot tube)

$$V = \sqrt{2gH}$$

여기서, V : 유속[m/s]
g : 중력가속도(9.8m/s²)
H : 높이[m]

$V = \sqrt{2gH} = \sqrt{2 \times 9.8m/s^2 \times 1.26m} ≒ 4.97m/s$

답 ④

★★
26

18.04.문27
13.03.문35
99.04.문32

20℃ 물 100L를 화재현장의 화염에 살수하였다. 물이 모두 끓는 온도(100℃)까지 가열되는 동안 흡수하는 열량은 약 몇 kJ인가? (단, 물의 비열은 4.2kJ/(kg · K)이다.)

① 500
② 2000
③ 8000
④ 33600

해설 (1) **기호**

- ΔT : $\underset{273+100 \quad 273+20}{(100-20)℃}$ 또는 $(373-293)$K
- m : 100L = 100kg(물 1L = 1kg이므로 100L = 100kg)
- C : 4.2kJ/(kg · K)
- Q : ?

(2) **열량**

$$Q = r_1 \cancel{m} + mC\Delta T + r_2 \cancel{m}$$

여기서, Q : 열량[kJ]
m : 질량[kg]
C : 비열[kJ/kg · K]
ΔT : 온도차(273+℃)[K] 또는 [K]
r_1 : 융해열(융해잠열)[kJ/kg]
r_2 : 기화열(증발잠열)[kJ/kg]

융해열(얼음), 기화열(수증기)는 존재하지 않으므로 $r_1 m$, $r_2 m$ 삭제

열량 Q는
$$Q = mC\Delta T = 100kg \times 4.2kJ/(kg \cdot K) \times (373-293)K$$
$$= 33600kJ$$

답 ④

★★★ 27

 유체의 거동을 해석하는 데 있어서 비점성 유체에 대한 설명으로 옳은 것은?

20.08.문36
18.04.문32
06.09.문22
01.09.문28
98.03.문34

① 실제유체를 말한다.
② 전단응력이 존재하는 유체를 말한다.
③ 유체 유동시 마찰저항이 속도기울기에 비례하는 유체이다.
④ 유체 유동시 마찰저항을 무시한 유체를 말한다.

해설

① 실제유체 → 이상유체
② 존재하는 → 존재하지 않는
③ 마찰저항이 속도기울기에 비례하는 → 마찰저항을 무시한

비점성 유체
(1) 이상유체
(2) 전단응력이 존재하지 않는 유체
(3) 유체 유동시 마찰저항을 무시한 유체 보기 ④

중요

유체의 종류

종류	설명
실제유체	**점성**이 **있으며**, **압축성**인 유체
이상유체	점성이 없으며, **비압축성**인 유체
압축성 유체	**기체**와 같이 체적이 변화하는 유체
비압축성 유체	**액체**와 같이 체적이 변화하지 않는 유체

기억법 **실점있압**(**실점**이 **있**는 사람만 **압**박해!) **기압**(**기압**)

비교

비압축성 유체
(1) 밀도가 압력에 의해 변하지 않는 유체
(2) 굴뚝둘레를 흐르는 **공기흐름**
(3) **정지**된 **자동차 주위**의 공기흐름
(4) **체적탄성계수**가 큰 유체
(5) 액체와 같이 체적이 변하지 않는 유체

답 ④

★★ 28

다음 관 유동에 대한 일반적인 설명 중 올바른 것은?

19.04.문30
19.03.문37
15.03.문40
13.06.문23
10.09.문40

① 관의 마찰손실은 유속의 제곱에 반비례한다.
② 관의 부차적 손실은 주로 관벽과의 마찰에 의해 발생한다.

③ 돌연확대관의 손실수두는 속도수두에 비례한다.
④ 부차적 손실수두는 압력의 제곱에 비례한다.

해설

① 반비례 → 비례
② 부차적 손실 → 주손실
④ 압력의 제곱에 → 압력에

(1) **돌연확대관**에서의 손실
$$H = K \frac{(V_1 - V_2)^2}{2g}$$

여기서, H : 손실수두[m]
K : 손실계수
V_1 : 축소관 유속[m/s]
V_2 : 확대관 유속[m/s]
g : 중력가속도(9.8m/s²)

(2) **속도수두**
$$H = \frac{V^2}{2g}$$

여기서, H : 속도수두[m]
V : 유속[m/s]
g : 중력가속도(9.8m/s²)

※ **돌연확대관**에서의 손실수두는 **속도수두**에 비례한다. 보기 ③

비교

(1) 관의 마찰손실은 유속의 제곱에 **비례**한다. 보기 ①
$$H = K \frac{(V_1 - V_2)^2}{2g} \propto V^2$$

(2) 관의 **주손실**은 주로 관벽과의 마찰에 의해 발생한다. 보기 ②

〈배관의 마찰손실〉

주손실	부차적 손실
관로에 의한 마찰손실 (관벽과의 마찰에 의한 손실)	• 관의 급격한 확대손실 • 관의 급격한 축소손실 • 관부속품에 의한 손실

(3) 부차적 손실수두는 압력에 **비례**한다. 보기 ④

〈압력수두〉
$$H = \frac{P}{\gamma} \propto P$$

여기서, H : 압력수두[m]
P : 압력[N/m²]
γ : 비중량(물의 비중량 9800N/m³)

답 ③

★★ 29

다음 중 동점성계수의 차원을 옳게 표현한 것은? (단, 질량 M, 길이 L, 시간 T로 표시한다.)

19.04.문40
17.05.문40
16.05.문25
12.03.문25
10.03.문37

① $[ML^{-1}T^{-1}]$
② $[L^2T^{-1}]$
③ $[ML^{-2}T^{-2}]$
④ $[ML^{-1}T^{-2}]$

차 원	중력단위[차원]	절대단위[차원]
길이	m[L]	m[L]
시간	s[T]	s[T]
운동량	N·s[FT]	kg·m/s[MLT^{-1}]
힘	N[F]	kg·m/s^2[MLT^{-2}]
속도	m/s[LT^{-1}]	m/s[LT^{-1}]
가속도	m/s^2[LT^{-2}]	m/s^2[LT^{-2}]
질량	N·s^2/m[FL^{-1}T^2]	kg[M]
압력	N/m^2[FL^{-2}]	kg/m·s^2[ML^{-1}T^{-2}]
밀도	N·s^2/m^4[FL^{-4}T^2]	kg/m^3[ML^{-3}]
비중	무차원	무차원
비중량	N/m^3[FL^{-3}]	kg/m^2·s^2[ML^{-2}T^{-2}]
비체적	m^4/N·s^2[F^{-1}L^{4}T^{-2}]	m^3/kg[M^{-1}L^3]
일률	N·m/s[FLT^{-1}]	kg·m^2/s^3[ML^{2}T^{-3}]
일	N·m[FL]	kg·m^2/s^2[ML^{2}T^{-2}]
점성계수	N·s/m^2[FL^{-2}T]	kg/m·s[ML^{-1}T^{-1}]
동점성계수	m^2/s[L^{2}T^{-1}]	m^2/s[L^{2}T^{-1}] 보기 ②

답 ②

30 동점성계수가 0.1×10^{-5}m^2/s인 유체가 안지름 10cm인 원관 내에 1m/s로 흐르고 있다. 관의 마찰계수가 $f=0.022$이며, 등가길이가 200m일 때의 손실수두는 몇 m인가? (단, 비중량은 9800N/m^{3}이다.)

① 2.24 ② 6.58 ③ 11.0 ④ 22.0

해설 (1) 기호
- D : 10cm=0.1m (100cm=1m)
- f : 0.022
- L : 200m
- H : ?
- 동점성계수, 비중량은 필요 없다.

(2) 마찰손실
달시-웨버의 식(Darcy-Weisbach formula) : 층류

$$H=\frac{\Delta P}{\gamma}=\frac{flV^2}{2gD}$$

여기서, H : 마찰손실(수두)[m]
ΔP : 압력차[kPa] 또는 [kN/m^2]
γ : 비중량(물의 비중량 9800N/m^3)
f : 관마찰계수
l : 길이[m]
V : 유속(속도)[m/s]
g : 중력가속도(9.8m/s^2)
D : 내경[m]

마찰손실 H는
$$H=\frac{flV^2}{2gD}=\frac{0.022\times200\text{m}\times(1\text{m/s})^2}{2\times9.8\text{m/s}^2\times0.1\text{m}}≒2.24\text{m}$$

답 ①

31 유량이 0.6m^3/min일 때 손실수두가 7m인 관로를 통하여 10m 높이 위에 있는 저수조로 물을 이송하고자 한다. 펌프의 효율이 90%라고 할 때 펌프에 공급해야 하는 전력은 몇 kW인가?

① 0.45 ② 1.85 ③ 2.27 ④ 136

해설 (1) 기호
- Q : 0.6m^3/min
- K : 주어지지 않았으므로 무시
- H : (7+10)m
- η : 90%=0.9
- P : ?

(2) 전동력
$$P=\frac{0.163QH}{\eta}K$$

여기서, P : 전동력[kW]
Q : 유량[m^3/min]
H : 전양정[m]
K : 전달계수
η : 효율

전동력 P는
$$P=\frac{0.163QH}{\eta}K$$
$$=\frac{0.163\times0.6\text{m}^3/\text{min}\times(7+10)\text{m}}{0.9}$$
$$≒1.85\text{kW}$$

답 ②

32 스프링클러설비헤드의 방수량이 2배가 되면 방수압은 몇 배가 되는가?

① $\sqrt{2}$배 ② 2배 ③ 4배 ④ 8배

해설 (1) 기호
- Q : 2배
- P : ?

(2) 방수량
$$Q=0.653D^2\sqrt{10P}$$
$$=0.6597CD^2\sqrt{10P}\propto\sqrt{P}$$

여기서, Q : 방수량[L/min]
D : 구경[mm]
P : 방수압[MPa]
C : 노즐의 흐름계수(유량계수)

방수량 Q는

$$Q \propto \sqrt{P}$$
$$Q^2 \propto (\sqrt{P})^2$$
$$Q^2 \propto P$$
$$P \propto Q^2 = 2^2 = 4배$$

답 ③

★★
33 실제기체가 이상기체에 가까워지는 조건은?

19.03.문31
05.09.문23
98.07.문39

① 온도가 낮을수록, 압력이 높을수록

② 온도가 높을수록, 압력이 낮을수록

③ 온도가 낮을수록, 압력이 낮을수록

④ 온도가 높을수록, 압력이 높을수록

해설 **이상기체화**

(1) **고온**(온도가 높을수록) [보기 ②]

(2) **저압**(압력이 낮을수록) [보기 ②]

답 ②

★★★
34 온도 50℃, 압력 100kPa인 공기가 지름 10mm

15.03.문32
인 관 속을 흐르고 있다. 임계 레이놀즈수가 2100일 때 층류로 흐를 수 있는 최대평균속도 (V)와 유량(Q)은 각각 약 얼마인가? (단, 공기의 점성계수는 19.5×10^{-6}kg/m·s이며, 기체상수는 287J/kg·K이다.)

① $V = 0.6$m/s, $Q = 0.5 \times 10^{-4}$m^3/s

② $V = 1.9$m/s, $Q = 1.5 \times 10^{-4}$m^3/s

③ $V = 3.8$m/s, $Q = 3.0 \times 10^{-4}$m^3/s

④ $V = 5.8$m/s, $Q = 6.1 \times 10^{-4}$m^3/s

해설 (1) **기호**

- t : 50℃
- P : 100kPa
- D : 10mm
- Re : 2100
- V_{max} : ?
- Q : ?
- μ : 19.5×10^{-6}kg/m·s
- R : 287J/kg·K

(2) **밀도**

$$\rho = \frac{P}{RT}$$

여기서, ρ : 밀도[kg/m^3]

P : 압력[Pa]

R : 기체상수[N·m/kg·K]

T : 절대온도(273+℃)[K]

밀도 ρ는

$$\rho = \frac{P}{RT} = \frac{100kPa}{287N \cdot m/kg \cdot K \times (273+50)K}$$
$$= \frac{100 \times 10^3 Pa}{287N \cdot m/kg \cdot K \times (273+50)K}$$
$$\fallingdotseq 1.0787 kg/m^3$$

- 1J=1N·m이므로 287J/kg·K=287N·m/kg·K
- 1kPa=10^3Pa이므로 100kPa=100×10^3Pa

(3) **최대평균속도**

$$V_{max} = \frac{Re\mu}{D\rho}$$

여기서, V_{max} : 최대평균속도[m/s]

Re : 레이놀즈수

μ : 점성계수[kg/m·s]

D : 직경(관경)[m]

ρ : 밀도[kg/m^3]

최대평균속도 V_{max}는

$$V_{max} = \frac{Re\mu}{D\rho} = \frac{2100 \times 19.5 \times 10^{-6}kg/m \cdot s}{10mm \times 1.0787 kg/m^3}$$
$$= \frac{2100 \times 19.5 \times 10^{-6}kg/m \cdot s}{0.01m \times 1.0787 kg/m^3} \fallingdotseq 3.8 m/s$$

- 1000mm=1m이므로 10mm=0.01m

(4) **유량**

$$Q = AV = \left(\frac{\pi D^2}{4}\right)V$$

여기서, Q : 유량[m^3/s]

A : 단면적[m^2]

V : 유속[m/s]

D : 내경[m]

유량 Q는

$$Q = \frac{\pi D^2}{4}V = \frac{\pi \times (10mm)^2}{4} \times 3.8 m/s$$
$$= \frac{\pi \times (0.01m)^2}{4} \times 3.8 m/s \fallingdotseq 3.0 \times 10^{-4} m^3/s$$

중요

R(기체상수)의 단위에 따른 밀도공식

[J/kg·K]	[atm·m^3/kmol·K]
$$\rho = \frac{P}{RT}$$	$$\rho = \frac{PM}{RT}$$
여기서, ρ : 밀도[kg/m^3] P : 압력[Pa] 또는 [N/m^2] R : 기체상수 [J/kg·K] T : 절대온도 (273+℃)[K]	여기서, ρ : 밀도[kg/m^3] P : 압력[atm] M : 분자량 [kg/kmol] R : 기체상수 [atm·m^3/ kmol·K] T : 절대온도 (273+℃)[K]

답 ③

35

19.04.문36
14.05.문28
13.09.문36
11.06.문29

외부표면의 온도가 24℃, 내부표면의 온도가 24.5℃일 때 높이 1.5m, 폭 1.5m, 두께 0.5cm인 유리창을 통한 열전달률은 약 몇 W인가? (단, 유리창의 열전도계수는 0.8W/(m·K)이다.)

① 180

② 200

③ 1800

④ 2000

해설 (1) **기호**

- T_1 : 273+℃=273+24℃=297K
- T_2 : 273+℃=273+24.5℃=297.5K
- A : $(1.5 \times 1.5)m^2$
- l : 0.5cm=0.005m(100cm=1m)
- $\dot{q}$: ?
- K : 0.8W/(m·K)

(2) **절대온도**

$$K = 273 + ℃$$

여기서, K : 절대온도[K]
　　　　℃ : 섭씨온도[℃]
외부온도 $T_1 = 297$K
내부온도 $T_2 = 297.5$K

(3) **열전달량**

$$\dot{q} = \frac{KA(T_2 - T_1)}{l}$$

여기서, $\dot{q}$: 열전달량(열전달률)[W]
　　　　K : 열전도율(열전달계수)[W/(m·K)]
　　　　A : 단면적[m²]
　　　　$(T_2 - T_1)$: 온도차(273+℃)[K]
　　　　l : 벽체두께[m]

- **열전달량=열전달률=열유동률=열흐름률**

$$\dot{q} = \frac{KA(T_2 - T_1)}{l}$$
$$= \frac{0.8W/(m \cdot K) \times (1.5 \times 1.5)m^2 \times (297.5 - 297)K}{0.005\,m}$$
$$= 180W$$

답 ①

36

1.05.문22
2.05.문23

수은이 채워진 U자관에 어떤 액체를 넣었다. 수은과 액체의 계면으로부터 액체측 자유표면까지의 높이(l_B)가 24cm, 수은측 자유표면까지의 높이(l_A)가 6cm일 때 이 액체의 비중은 약 얼마인가? (단, 수은의 비중은 13.6이다.)

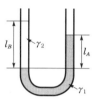

① 3.14

② 3.28

③ 3.4

④ 3.6

해설 (1) **기호**

- $h_2(l_B)$: 24cm
- $h_1(l_A)$: 6cm
- s_2 : ?
- s_1 : 13.6

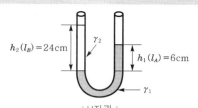

| U자관 |

(2) **물질의 높이와 비중량 관계식**

$$\gamma_1 h_1 = \gamma_2 h_2$$
$$s_1 h_1 = s_2 h_2$$

여기서, γ_1, γ_2 : 비중량[N/m³]
　　　　h_1, h_2 : 높이[m]
　　　　s_1, s_2 : 비중

액체의 비중 s_2는

$$s_2 = \frac{s_1 h_1}{h_2} = \frac{13.6 \times 6cm}{24cm} = 3.4$$

- **수은의 비중 : 13.6**

답 ③

37

물탱크의 아래로는 0.05m³/s로 물이 유출되고, 0.025m²의 단면적을 가진 노즐을 통해 물탱크로 물이 공급되고 있다. 유속은 8m/s이다. 물의 증가량[m³/s]은?

① 0.1

② 0.15

③ 0.2

④ 0.35

해설

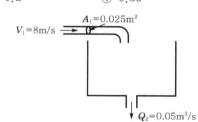

(1) 기호

- Q_2 : 0.05m³/s
- A_1 : 0.025m²
- V_1 : 8m/s
- ΔQ : ?

(2) 유량

$$Q = AV = \left(\frac{\pi D^2}{4}\right)V$$

여기서, Q : 유량[m³/s]
　　　　 A : 단면적[m²]
　　　　 V : 유속[m/s]
　　　　 D : 지름[m]

공급유량 Q_1은

$$Q_1 = A_1 V_1 = 0.025\text{m}^2 \times 8\text{m/s} = 0.2\text{m}^3/\text{s}$$

(3) 물의 증가량

$$\Delta Q = Q_1 - Q_2$$

여기서, ΔQ : 물의 증가량[m³/s]
　　　　 Q_1 : 공급유량[m³/s]
　　　　 Q_2 : 유출유량[m³/s]

물의 증가량 ΔQ는

$$\Delta Q = Q_1 - Q_2 = 0.2\text{m}^3/\text{s} - 0.05\text{m}^3/\text{s} = 0.15\text{m}^3/\text{s}$$

답 ②

★★ 38 폭 2m의 수로 위에 그림과 같이 높이 3m의 판이 수직으로 설치되어 있다. 유속이 매우 느리고 상류의 수위는 3.5m 하류의 수위는 2.5m일 때, 물이 판에 작용하는 힘은 약 몇 kN인가?

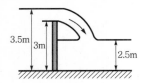

① 26.9　　　　② 56.4
③ 76.2　　　　④ 96.8

해설

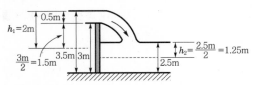

(1) 기호

- A_1 : (폭×판이 물에 닿는 높이)=(2×3)m²
- A_2 : (폭×판이 물에 닿는 높이)=(2×2.5)m²
- F_H : ?

(2) 수평분력(기본식)

$$F_H = \gamma h A$$

여기서, F_H : 수평분력[N]
　　　　 γ : 비중량(물의 비중량 9800N/m³)
　　　　 h : 표면에서 판 중심까지의 수직거리[m]
　　　　 A : 판의 단면적[m²]

(3) 수평분력(변형식)

$$F_H = \gamma h_1 A_1 - \gamma h_2 A_2$$

여기서, F_H : 수평분력[N]
　　　　 γ : 비중량(물의 비중량 9800N/m³)
　　　　 h_1, h_2 : 표면에서 판 중심까지의 수직거리[m]
　　　　 A_1, A_2 : 판의 단면적[m²]

수평분력 F_H는
$F_H = \gamma h_1 A_1 - \gamma h_2 A_2$
　　$= 9800\text{N/m}^3 \times 2\text{m} \times (2 \times 3)\text{m}^2 - 9800\text{N/m}^3 \times 1.25\text{m}$
　　　$\times (2 \times 2.5)\text{m}^2$
　　$= 56350\text{N}$
　　$= 56.35\text{kN}$
　　$≒ 56.4\text{kN}$(소수점 반올림한 값)

답 ②

★★ 39 가로 0.3m, 세로 0.2m인 직사각형 덕트에 유체가 가득차서 흐른다. 이때 수력직경은 약 몇 m인가? (단, P 는 유체의 젖은 단면 둘레의 길이, 는 A 관의 단면적이며, $D_h = \dfrac{4A}{P}$ 로 정의한다.)

21.03.문39
17.09.문28
17.05.문22
16.10.문37
14.03.문24
08.05.문33
07.03.문36
06.09.문31

① 0.24　　　　② 0.92
③ 1.26　　　　④ 1.56

해설

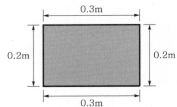

(1) 수력반경(hydraulic radius)

$$R_h = \frac{A}{L}$$

여기서, R_h : 수력반경[m]
　　　　 A : 단면적[m²]
　　　　 L : 접수길이(단면둘레의 길이)[m]

수력반경 R_h는

$$R_h = \frac{A}{L} = \frac{(0.3 \times 0.2)\text{m}^2}{0.3\text{m} \times 2\text{개} + 0.2\text{m} \times 2\text{개}} = 0.06\text{m}$$

(2) 수력직경(수력지름)

$$D_h = 4R_h$$

여기서, D_h : 수력직경[m]
　　　　 R_h : 수력반경[m]

수력직경 D_h는
$D_h = 4R_h = 4 \times 0.06\text{m} = 0.24\text{m}$

답 ①

★★
40 그림과 같은 벤투리관에 유량 3m³/min으로 물이 흐르고 있다. 단면 1의 직경이 20cm, 단면 2의 직경이 10cm일 때 벤투리효과에 의한 물의 높이 차 Δh는 약 몇 m인가? (단, 주어지지 않은 손실은 무시한다.)

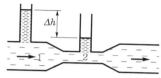

① 1.2
② 1.61
③ 1.94
④ 6.37

 해설 (1) 기호

- Q : 3m³/min=3m³/60s (1min=60s)
- D_1 : 20cm=0.2m (100cm=1m)
- D_2 : 10cm=0.1m (100cm=1m)
- $\Delta h(Z_1 - Z_2)$: ?

(2) 베르누이 방정식

$$\frac{V_1^2}{2g} + \frac{P_1}{\gamma} + Z_1 = \frac{V_2^2}{2g} + \frac{P_2}{\gamma} + Z_2$$

여기서, V_1, V_2 : 유속[m/s]
　　　　P_1, P_2 : 압력[N/m²]
　　　　Z_1, Z_2 : 높이[m]
　　　　g : 중력가속도[9.8m/s²]
　　　　γ : 비중량(물의 비중량 9.8kN/m³)

[단서]에서 주어지지 않은 손실은 무시하라고 했으므로 문제에서 주어지지 않은 P_1, P_2를 무시하면

$$\frac{V_1^2}{2g} + \frac{\cancel{P_1}}{\cancel{\gamma}} + Z_1 = \frac{V_2^2}{2g} + \frac{\cancel{P_2}}{\cancel{\gamma}} + Z_2$$

$$\frac{V_1^2}{2g} + Z_1 = \frac{V_2^2}{2g} + Z_2$$

$$Z_1 - Z_2 = \frac{V_2^2}{2g} - \frac{V_1^2}{2g}$$

$$= \frac{V_2^2 - V_1^2}{2g}$$

(3) 유량

$$Q = AV = \left(\frac{\pi D^2}{4}\right) V$$

여기서, Q : 유량[m³/s]
　　　　A : 단면적[m²]
　　　　V : 유속[m/s]
　　　　D : 지름[m]

유속 V_1은

$$V_1 = \frac{Q}{\dfrac{\pi D_1^2}{4}}$$

$$= \frac{3\text{m}^3/60\text{s}}{\dfrac{\pi \times (0.2\text{m})^2}{4}} = \frac{(3 \div 60)\text{m}^3/\text{s}}{\dfrac{\pi \times (0.2\text{m})^2}{4}} \fallingdotseq 1.59\text{m/s}$$

유속 V_2은

$$V_2 = \frac{Q}{\dfrac{\pi D_2^2}{4}}$$

$$= \frac{3\text{m}^3/60\text{s}}{\dfrac{\pi \times (0.1\text{m})^2}{4}} = \frac{(3 \div 60)\text{m}^3/\text{s}}{\dfrac{\pi \times (0.1\text{m})^2}{4}} \fallingdotseq 6.37\text{m/s}$$

높이차 $Z_1 - Z_2 = \dfrac{V_2^2 - V_1^2}{2g}$

$$= \frac{(6.37\text{m/s})^2 - (1.59\text{m/s})^2}{2 \times 9.8\text{m/s}^2}$$

$$\fallingdotseq 1.94\text{m}$$

답 ③

제3과목 　소방관계법규

★★★
41 소방시설 설치 및 관리에 관한 법령상 스프링클러설비를 설치하여야 하는 특정소방대상물의 기준으로 틀린 것은? (단, 위험물 저장 및 처리 시설 중 가스시설 또는 지하구는 제외한다.)

[20.08.문47]
[19.03.문48]
[15.03.문56]
[12.05.문51]

① 복합건축물로서 연면적 3500m² 이상인 경우에는 모든 층

② 창고시설(물류터미널은 제외)로서 바닥면적 합계가 5000m² 이상인 경우에는 모든 층

③ 숙박이 가능한 수련시설 용도로 사용되는 시설의 바닥면적의 합계가 600m² 이상인 것은 모든 층

④ 판매시설, 운수시설 및 창고시설(물류터미널에 한정)로서 바닥면적의 합계가 5000m² 이상이거나 수용인원이 500명 이상인 경우에는 모든 층

 해설 ① 3500m² → 5000m²

소방시설법 시행령 〔별표 4〕
스프링클러설비의 설치대상

설치대상	조 건
① 문화 및 집회시설, 운동시설 ② 종교시설	• 수용인원 : 100명 이상 • 영화상영관 : 지하층·무창층 500m²(기타 1000m²) 이상 • 무대부 　– 지하층·무창층·4층 이상 300m² 이상 　– 1~3층 500m² 이상

③ 판매시설 ④ 운수시설 ⑤ 물류터미널	• 수용인원 : **500명** 이상 • 바닥면적 합계 : **5000m²** 이상 보기 ④
⑥ 노유자시설 ⑦ 정신의료기관 ⑧ 수련시설(숙박 가능한 것) ⑨ 종합병원, 병원, 치과 병원, 한방병원 및 요 양병원(정신병원 제외) ⑩ 숙박시설	• 바닥면적 합계 **600m²** 이상 보기 ③
⑪ 지하층·무창층·**4층** 이상	• 바닥면적 **1000m²** 이상
⑫ 창고시설(물류터미널 제외)	• 바닥면적 합계 : **5000m²** 이상 : 전층 보기 ②
⑬ **지하가**(터널 제외)	• 연면적 **1000m²** 이상
⑭ 10m 넘는 랙크식 창고	• 연면적 **1500m²** 이상
⑮ 복합건축물 ⑯ 기숙사	• 연면적 **5000m²** 이상 : 전층 보기 ①
⑰ 6층 이상	• 전층
⑱ 보일러실·연결통로	• 전부
⑲ 특수가연물 저장·취급	• 지정수량 **1000배** 이상
⑳ 발전시설	• 전기저장시설 : 전부

답 ①

42 소방시설공사업법령상 소방공사감리를 실시함
20.06.문54 에 있어 용도와 구조에서 특별히 안전성과 보안성이 요구되는 소방대상물로서 소방시설물에 대한 감리를 감리업자가 아닌 자가 감리할 수 있는 장소는?
① 정보기관의 청사
② 교도소 등 교정관련시설
③ 국방 관계시설 설치장소
④ 원자력안전법상 관계시설이 설치되는 장소

해설 (1) **공사업법 시행령** 8조
감리업자가 아닌 자가 감리할 수 있는 보안성 등이 요구되는 소방대상물의 시공장소 「원자력안전법」 2조 10호에 따른 관계시설이 설치되는 장소
(2) **원자력안전법** 2조 **10호**
"**관계시설**"이란 **원자로**의 **안전**에 **관계**되는 **시설**로서 **대통령령**으로 정하는 것을 말한다.

답 ④

43 소방기본법령에 따라 주거지역·상업지역 및 공
20.06.문46 업지역에 소방용수시설을 설치하는 경우 소방대
17.09.문56 상물과의 수평거리를 몇 m 이하가 되도록 해야
10.05.문41 하는가?
① 50　　　　② 100
③ 150　　　　④ 200

해설 **기본규칙** 〔별표 3〕
소방용수시설의 설치기준

거리기준	지 역
수평거리 **100m** 이하 보기 ②	• **공업지역** • **상업지역** • **주거지역** 기억법 **주상공100(주상공 백**지에 사인을 하시오.)
수평거리 **140m** 이하	• 기타지역

답 ②

44 소방시설 설치 및 관리에 관한 법령상 관리업자
21.09.문52 가 소방시설 등의 점검을 마친 후 점검기록표에
19.04.문49 기록하고 이를 해당 특정소방대상물에 부착하여
15.09.문57 야 하나 이를 위반하고 점검기록표를 기록하지
10.03.문57 아니하거나 특정소방대상물의 출입자가 쉽게 볼수 있는 장소에 게시하지 아니하였을 때 벌칙기준은?
① 100만원 이하의 과태료
② 200만원 이하의 과태료
③ 300만원 이하의 과태료
④ 500만원 이하의 과태료

해설 **소방시설법** 61조
300만원 이하의 과태료
(1) 소방시설을 화재안전기준에 따라 설치·관리하지 아니한 자
(2) 피난시설, 방화구획 또는 방화시설의 **폐쇄·훼손·변경** 등의 행위를 한 자
(3) 임시소방시설을 설치·관리하지 아니한 자
(4) 점검기록표를 기록하지 아니하거나 특정소방대상물의 출입자가 쉽게 볼 수 있는 장소에 게시하지 아니한 관계인 보기 ③

답 ③

45 소방대라 함은 화재를 진압하고 화재, 재난·재
19.04.문46 해, 그 밖의 위급한 상황에서 구조·구급 활동 등
13.03.문42 을 하기 위하여 구성된 조직체를 말한다. 소방대의
10.03.문45 구성원으로 틀린 것은?
① 소방공무원　　② 소방안전관리원
③ 의무소방원　　④ 의용소방대원

해설 **기본법** 2조
소방대
(1) 소방공무원 보기 ①
(2) 의무소방원 보기 ③
(3) 의용소방대원 보기 ④

답 ②

★★★
46 다음 중 소방시설 설치 및 관리에 관한 법령상 소방시설관리업을 등록할 수 있는 자는?
20.08.문57
15.09.문45
15.03.문41
12.09.문44
① 피성년후견인
② 소방시설관리업의 등록이 취소된 날부터 2년이 경과된 자
③ 금고 이상의 형의 집행유예를 선고받고 그 유예기간 중에 있는 자
④ 금고 이상의 실형을 선고받고 그 집행이 면제된 날부터 2년이 지나지 아니한 자

해설 **소방시설법 30조**
소방시설관리업의 등록결격사유
(1) 피성년후견인 보기 ①
(2) 금고 이상의 실형을 선고받고 그 집행이 끝나거나 집행이 면제된 날부터 **2년**이 지나지 아니한 사람 보기 ④
(3) 금고 이상의 형의 집행유예를 선고받고 그 유예기간 중에 있는 사람 보기 ③
(4) 관리업의 등록이 취소된 날부터 **2년**이 지나지 아니한 자

답 ②

★
47 화재의 예방 및 안전관리에 관한 법령상 소방대상물의 개수·이전·제거, 사용의 금지 또는 제한, 사용폐쇄, 공사의 정지 또는 중지, 그 밖의 필요한 조치로 인하여 손실을 받은 자가 손실보상청구서에 첨부하여야 하는 서류로 틀린 것은?
19.09.문60
① 손실보상합의서
② 손실을 증명할 수 있는 사진
③ 손실을 증명할 수 있는 증빙자료
④ 소방대상물의 관계인임을 증명할 수 있는 서류(건축물대장은 제외)

해설 **화재예방법 시행규칙 6조**
손실보상 청구자가 제출하여야 하는 서류
(1) 소방대상물의 **관계인**임을 증명할 수 있는 서류(건축물대장 제외) 보기 ④
(2) 손실을 증명할 수 있는 **사진**, 그 밖의 **증빙자료** 보기 ②③

기억법 사증관손(**사정관**의 **손**)

답 ①

★★★
48 소방시설 설치 및 관리에 관한 법률상 특정소방대상물의 피난시설, 방화구획 또는 방화시설의 폐쇄·훼손·변경 등의 행위를 한 자에 대한 과태료 기준으로 옳은 것은?
18.09.문49
18.04.문58
15.03.문47
① 200만원 이하의 과태료
② 300만원 이하의 과태료

③ 500만원 이하의 과태료
④ 600만원 이하의 과태료

해설 **소방시설법 61조**
300만원 이하의 과태료
(1) 소방시설을 화재안전기준에 따라 설치·관리하지 아니한 자
(2) **피난시설·방화구획** 또는 **방화시설**의 **폐쇄·훼손·변경** 등의 행위를 한 자 보기 ②
(3) 임시소방시설을 설치·관리하지 아니한 자

비교
(1) **300만원 이하의 벌금**
  ㉠ 화재안전조사를 정당한 사유없이 거부·방해·기피(화재예방법 50조)
  ㉡ 소방안전관리자, 총괄소방안전관리자 또는 소방안전관리보조자 미선임(화재예방법 50조)
  ㉢ 성능위주설계평가단 비밀누설(소방시설법 59조)
  ㉣ 방염성능검사 합격표시 위조(소방시설법 59조)
  ㉤ 위탁받은 업무종사자의 비밀누설(소방시설법 59조)
  ㉥ 다른 자에게 자기의 성명이나 상호를 사용하여 소방시설공사 등을 수급 또는 시공하게 하거나 소방시설업의 등록증·등록수첩을 빌려준 자(공사업법 37조)
  ㉦ 감리원 미배치자(공사업법 37조)
  ㉧ 소방기술인정 자격수첩을 빌려준 자(공사업법 37조)
  ㉨ 2 이상의 업체에 취업한 자(공사업법 37조)
  ㉩ 소방시설업자나 관계인 감독시 관계인의 업무를 방해하거나 비밀누설(공사업법 37조)

(2) **200만원 이하의 과태료**
  ㉠ 소방용수시설·소화기구 및 설비 등의 설치명령 위반(화재예방법 52조)
  ㉡ **특수가연물의 저장·취급 기준 위반**(화재예방법 52조)
  ㉢ 한국119청소년단 또는 이와 유사한 명칭을 사용한 자(기본법 56조)
  ㉣ **소방활동구역 출입**(기본법 56조)
  ㉤ 소방자동차의 출동에 지장을 준 자(기본법 56조)
  ㉥ 한국소방안전원 또는 이와 유사한 명칭을 사용한 자(기본법 56조)
  ㉦ 관계서류 미보관자(공사업법 40조)
  ㉧ 소방기술자 미배치자(공사업법 40조)
  ㉨ 하도급 미통지자(공사업법 40조)

답 ②

★
49 위험물안전관리법령상 위험물의 안전관리와 관련된 업무를 수행하는 자로서 소방청장이 실시하는 안전교육대상자가 아닌 것은?
18.04.문44
① 안전관리자로 선임된 자
② 탱크시험자의 기술인력으로 종사하는 자
③ 위험물운송자로 종사하는 자
④ 제조소 등의 관계인

해설 **위험물령 20조**
안전교육대상자
(1) **안전관리자**로 선임된 자 보기 ①
(2) 탱크시험자의 **기술인력**으로 종사하는 자 보기 ②
(3) **위험물운반자**로 종사하는 자
(4) **위험물운송자**로 종사하는 자 보기 ③

답 ④

★★★ 50

19.03.문51
15.03.문12
14.09.문52
14.09.문53
13.06.문48
08.05.문53

화재의 예방 및 안전관리에 관한 법률상 소방안전관리대상물의 소방안전관리자 업무가 아닌 것은?

① 소방훈련 및 교육
② 피난시설, 방화구획 및 방화시설의 관리
③ 자위소방대 및 본격대응체계의 구성·운영·교육
④ 피난계획에 관한 사항과 대통령령으로 정하는 사항이 포함된 소방계획서의 작성 및 시행

해설 ③ 본격대응체계 → 초기대응체계

화재예방법 24조 ⑤항
관계인 및 소방안전관리자의 업무

특정소방대상물 (관계인)	소방안전관리대상물 (소방안전관리자)
• 피난시설·방화구획 및 방화시설의 관리	• 피난시설·방화구획 및 방화시설의 관리 보기 ②
• 소방시설, 그 밖의 소방관련시설의 관리	• 소방시설, 그 밖의 소방관련시설의 관리
• **화기취급**의 감독	• **화기취급**의 감독
• 소방안전관리에 필요한 업무	• 소방안전관리에 필요한 업무
• 화재발생시 초기대응	• **소방계획서**의 작성 및 시행(대통령령으로 정하는 사항 포함) 보기 ④
	• **자위소방대** 및 **초기대응체계**의 구성·운영·교육 보기 ③
	• 소방훈련 및 교육 보기 ①
	• 소방안전관리에 관한 업무수행에 관한 기록·유지
	• 화재발생시 초기대응

용어

특정소방대상물	소방안전관리대상물
건축물 등의 규모·용도 및 수용인원 등을 고려하여 소방시설을 설치하여야 하는 소방대상물로서 대통령령으로 정하는 것	대통령령으로 정하는 특정소방대상물

답 ③

★★★ 51

22.04.문59
15.09.문09
13.09.문52
12.09.문46
12.05.문46
12.03.문44
05.03.문48

소방시설 설치 및 관리에 관한 법령상 시·도지사가 실시하는 방염성능검사 대상으로 옳은 것은?

① 설치현장에서 방염처리를 하는 합판·목재
② 제조 또는 가공공정에서 방염처리를 한 카펫
③ 제조 또는 가공공정에서 방염처리를 한 창문에 설치하는 블라인드
④ 설치현장에서 방염처리를 하는 암막·무대막

해설 **소방시설법 시행령 32조**
시·도지사가 실시하는 방염성능검사
설치현장에서 방염처리를 하는 **합판·목재류**

중요

소방시설법 시행령 31조
방염대상물품

제조 또는 가공 공정에서 방염처리를 한 물품	건축물 내부의 천장이나 벽에 부착하거나 설치하는 것
① 창문에 설치하는 **커튼류**(블라인드 포함) ② 카펫 ③ **벽지류**(두께 2mm 미만인 종이벽지 제외) ④ 전시용 **합판·목재** 또는 섬유판 ⑤ 무대용 **합판·목재** 또는 섬유판 ⑥ **암막·무대막**(영화상영관·가상체험 체육시설업의 **스크린** 포함) ⑦ 섬유류 또는 합성수지류 등을 원료로 하여 제작된 소파·의자(단란주점영업, 유흥주점영업 및 노래연습장업의 영업장에 설치하는 것만 해당)	① 종이류(두께 **2mm 이상**), 합성수지류 또는 **섬유류**를 주원료로 한 물품 ② **합판**이나 **목재** ③ 공간을 구획하기 위하여 설치하는 **간이칸막이** ④ **흡음재**(흡음용 커튼 포함) 또는 **방음재**(방음용 커튼 포함) ※ 가구류(옷장, 찬장, 식탁, 식탁용 의자, 사무용 책상, 사무용 의자, 계산대)와 너비 10cm 이하인 반자돌림대, 내부 마감재료 제외

답 ①

★★★ 52

19.09.문80
18.03.문70
17.03.문68
16.03.문80
14.09.문64
08.03.문62
06.05.문79

지하층으로서 특정소방대상물의 바닥부분 중 최소 몇 면이 지표면과 동일한 경우에 무선통신보조설비의 설치를 제외할 수 있는가?

① 1면 이상
② 2면 이상
③ 3면 이상
④ 4면 이상

해설 **무선통신보조설비의 설치 제외**(NFPC 505 4조, NFTC 505 2.1)

(1) **지**하층으로서 특정소방대상물의 바닥부분 **2면 이상**이 지표면과 동일한 경우의 해당층 보기 ②

(2) 지하층으로서 지표면으로부터의 깊이가 **1m 이하**인 경우의 해당층

[기억법] **2면무지(이면** 계약의 **무지)**

답 ②

★★★
53 다음 위험물 중 자기반응성 물질은 어느 것인가?

21.09.문11
19.04.문44
16.05.문46
15.09.문03
15.05.문18
15.05.문10
15.05.문42
15.03.문51
14.09.문18

① 황린
② 염소산염류
③ 알칼리토금속
④ 질산에스테르류

해설 **위험물령** 〔별표 1〕
위험물

유 별	성 질	품 명
제1류	산화성 고체	• 아염소산염류 • 염소산염류 보기 ② • 과염소산염류 • 질산염류 • 무기과산화물
제2류	가연성 고체	• 황화린 • **적린** • **유황** • **철분** • 마그네슘
제3류	자연발화성 물질 및 금수성 물질	• 황린 보기 ① • 칼륨 • 나트륨
제4류	**인화성 액체**	• 특수인화물 • 알코올류 • 석유류 • 동식물유류
제5류	자기반응성 물질	• 니트로화합물 • 유기과산화물 • 니트로소화합물 • 아조화합물 • 질산에스테르류(셀룰로이드) 보기 ④
제6류	산화성 액체	• 과염소산 • 과산화수소 • 질산

답 ④

★★★
54 화재의 예방 및 안전관리에 관한 법률상 화재예방강화지구의 지정대상이 아닌 것은? (단, 소방청장·소방본부장 또는 소방서장이 화재예방강화지구로 지정할 필요가 있다고 인정하는 지역은 제외한다.)

20.09.문55
19.09.문50
17.09.문49
16.05.문53
13.09.문56

① 시장지역
② 농촌지역
③ 목조건물이 밀집한 지역
④ 공장·창고가 밀집한 지역

해설 ② 해당 없음

화재예방법 18조
화재예방강화지구의 지정

(1) **지정권자** : 시·도지사

(2) **지정지역**

㉠ **시장**지역 보기 ①

㉡ **공장·창고** 등이 밀집한 지역 보기 ④

㉢ **목조건물**이 밀집한 지역 보기 ③

㉣ 노후·불량 건축물이 밀집한 지역

㉤ **위험물**의 저장 및 **처리시설**이 **밀집**한 지역

㉥ **석유화학제품**을 생산하는 공장이 있는 지역

㉦ **소방시설·소방용수시설** 또는 **소방출동로**가 **없는** 지역

㉧ 「**산업입지 및 개발에 관한 법률**」에 따른 산업단지

㉨ 「**물류시설의 개발 및 운영에 관한 법률**」에 따른 **물류단지**

㉩ **소방청장·소방본부장·소방서장**(소방관서장)이 화재예방강화지구로 지정할 필요가 있다고 인정하는 지역

※ **화재예방강화지구** : 화재발생 우려가 크거나 화재가 발생할 경우 피해가 클 것으로 예상되는 지역에 대하여 화재의 예방 및 안전관리를 강화하기 위해 지정·관리하는 지역

답 ②

★★★
55 소방시설공사업법령상 소방시설업자가 소방시설공사 등을 맡긴 특정소방대상물의 관계인에게 지체 없이 그 사실을 알려야 하는 경우가 아닌 것은?

22.03.문47
15.05.문48
10.09.문53

① 소방시설업자의 지위를 승계한 경우
② 소방시설업의 등록취소처분 또는 영업정지 처분을 받은 경우
③ 휴업하거나 폐업한 경우
④ 소방시설업의 주소지가 변경된 경우

해설 **공사업법 8조**
소방시설업자의 관계인 통지사항

(1) **소방시설업자**의 **지위**를 **승계**한 때 보기 ①

(2) 소방시설업의 **등록취소** 또는 **영업정지**의 처분을 받은 때 보기 ②

(3) **휴업** 또는 **폐업**을 한 때 보기 ③

답 ④

★★★
56 위험물안전관리법령상 정기점검의 대상인 제조소 등의 기준으로 틀린 것은?

21.09.문46
20.09.문48
17.09.문51
16.10.문45

① 지하탱크저장소
② 이동탱크저장소
③ 지정수량의 10배 이상의 위험물을 취급하는 제조소
④ 지정수량의 20배 이상의 위험물을 저장하는 옥외탱크저장소

 해설

④ 20배 이상 → 200배 이상

위험물령 15 · 16조
정기점검의 대상인 제조소 등
(1) **제조소** 등(**이**송취급소 · **암**반탱크저장소)
(2) **지하탱크**저장소 │보기 ①│
(3) **이동탱크**저장소 │보기 ②│
(4) 위험물을 취급하는 탱크로서 지하에 매설된 탱크가 있는 **제조소 · 주유취급소** 또는 **일반취급소**

│기억법│ **정이암 지이**

(5) **예방규정**을 정하여야 할 제조소 등

배 수	제조소 등
10배 이상	• **제조소** │보기 ③│ • **일**반취급소
100배 이상	• 옥**외**저장소
150배 이상	• 옥**내**저장소
200배 이상	• 옥외**탱**크저장소 │보기 ④│
모두 해당	• 이송취급소 • 암반탱크저장소

기억법	1	제일
	0	외
	5	내
	2	탱

※ **예방규정** : 제조소 등의 화재예방과 화재 등 재해발생시의 비상조치를 위한 규정

답 ④

★★★
57 특정소방대상물의 관계인이 소방안전관리자를 해임한 경우 재선임을 해야 하는 기준은? (단, 해임한 날부터를 기준일로 한다.)

19.03.문59
16.10.문54
16.03.문55
11.03.문56

① 10일 이내   ② 20일 이내
③ 30일 이내   ④ 40일 이내

해설 **화재예방법 시행규칙 14조**
소방안전관리자의 재선임
30일 이내

답 ③

★★★
58 산화성 고체인 제1류 위험물에 해당되는 것은?

19.04.문44
16.05.문46
15.09.문03
15.09.문18
15.05.문10
15.05.문42
15.03.문51
14.09.문18

① 질산염류
② 특수인화물
③ 과염소산
④ 유기과산화물

 해설

② 제4류 위험물
③ 제6류 위험물
④ 제5류 위험물

위험물령 〔별표 1〕
위험물

유 별	성 질	품 명
제1류	산화성 고체	• 아염소산**염류** • 염소산**염류** • 과염소산**염류** • 질산**염류** │보기 ①│ • **무기과산화물** │기억법│ 1산고(일산GO), ~염류, 무기과산화물
제2류	가연성 고체	• **황화린** • **적린** • **유황** • **마**그네슘 • 금속분 │기억법│ 2황화적유마
제3류	자연발화성 물질 및 금수성 물질	• **황**린 • **칼**륨 • **나**트륨 • **트**리에틸**알**루미늄 • 금속의 수소화물 │기억법│ 황칼나트알
제4류	인화성 액체	• 특수인화물 │보기 ②│ • 석유류(벤젠) • 알코올류 • 동식물유류
제5류	자기반응성 물질	• 유기과산화물 │보기 ④│ • 니트로화합물 • 니트로소화합물 • 아조화합물 • 질산에스테르류(셀룰로이드)
제6류	산화성 액체	• 과염소산 │보기 ③│ • 과산화수소 • 질산

답 ①

(6) 인공구조물
(7) 물건

기억법 건차선 산인물

비교

위험물법 3조
위험물의 저장·운반·취급에 대한 적용 제외
(1) 항공기
(2) 선박
(3) 철도
(4) 궤도

답 ④

제 4 과목 소방기계시설의 구조 및 원리

★★★
61 다음은 상수도 소화용수설비의 설치기준에 관한 설명이다. ( ) 안에 들어갈 내용으로 알맞은 것은?

19.09.문64
17.03.문64
14.03.문63
07.03.문70

호칭지름 75mm 이상의 수도배관에 호칭지름 ( )mm 이상의 소화전을 접속할 것

① 50　　② 80
③ 100　　④ 125

해설 **상수도 소화용수설비**의 **설치기준**(NFPC 401 4조, NFTC 401 2.1)
(1) 호칭지름

수도배관	소화전
75mm 이상	100mm 이상 보기 ③

기억법 수75(수지침으로 치료), 소1(소일거리)

(2) 소화전은 소방자동차 등의 진입이 쉬운 **도로변** 또는 **공지**에 설치
(3) 소화전은 특정소방대상물의 수평투영면의 각 부분으로부터 **140m** 이하가 되도록 설치

답 ③

★★★
62 스프링클러설비의 교차배관에서 분기되는 지점을 기점으로 한쪽 가지배관에 설치되는 헤드는 몇 개 이하로 설치하여야 하는가? (단, 수리학적 배관방식의 경우는 제외한다.)

19.09.문74
17.05.문69
15.09.문63
13.09.문63
09.03.문75

① 8　　② 10
③ 12　　④ 18

해설 **한**쪽 가지배관에 설치되는 헤드의 개수는 **8개** 이하로 한다. 보기 ①

기억법 한8(한팔)

★★
59 다음 소방시설 중 경보설비가 아닌 것은?

20.06.문50
12.03.문47

① 통합감시시설
② 가스누설경보기
③ 비상콘센트설비
④ 자동화재속보설비

해설 ③ 비상콘센트설비 : 소화활동설비

소방시설법 시행령 〔별표 1〕
경보설비
(1) 비상경보설비 ┬ 비상벨설비
　　　　　　　└ 자동식 사이렌설비
(2) 단독경보형 감지기
(3) 비상방송설비
(4) 누전경보기
(5) 자동화재탐지설비 및 시각경보기
(6) 자동화재속보설비 보기 ④
(7) 가스누설경보기 보기 ②
(8) 통합감시시설 보기 ①
(9) 화재알림설비

※ **경보설비** : 화재발생 사실을 통보하는 기계·기구 또는 설비

비교

소방시설법 시행령 〔별표 1〕
소화활동설비
화재를 진압하거나 인명구조활동을 위하여 사용하는 설비
(1) **연**결송수관설비
(2) **연**결살수설비
(3) **연**소방지설비
(4) **무**선통신보조설비
(5) **제**연설비
(6) **비**상**콘**센트설비 보기 ③

기억법 3연무제비콘

답 ③

★★★
60 소방기본법에서 정의하는 소방대상물에 해당되지 않는 것은?

21.03.문58
15.05.문54
12.05.문48

① 산림　　② 차량
③ 건축물　　④ 항해 중인 선박

해설 **기본법 2조 1호**
소방대상물
(1) **건**축물 보기 ③
(2) **차**량 보기 ②
(3) **선**박(매어둔 것) 보기 ④
(4) 선박건조구조물
(5) **산**림 보기 ①

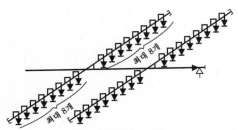

최대 8개

최대 8개

| 가지배관의 헤드 개수 |

비교

연결살수설비

연결살수설비에서 하나의 송수구역에 설치하는 **개방형 헤드**의 수는 **10개** 이하로 한다.

답 ①

⭐⭐⭐
63 다음은 포소화설비에서 배관 등 설치기준에 관한 내용이다. ㉠~㉢ 안에 들어갈 내용으로 옳은 것은?

19.09.문67
18.09.문68
15.09.문72
11.10.문72
02.03.문62

• 연결송수관설비의 배관과 겸용할 경우의 주배관은 구경 100mm 이상, 방수구로 연결되는 배관의 구경은 (㉠)mm 이상의 것으로 하여야 한다.

• 펌프의 성능은 체절운전시 정격토출압력의 (㉡)%를 초과하지 아니하고, 정격토출량의 150%로 운전시 정격토출압력의 (㉢)% 이상이 되어야 한다.

① ㉠ 40, ㉡ 120, ㉢ 65
② ㉠ 40, ㉡ 120, ㉢ 75
③ ㉠ 65, ㉡ 140, ㉢ 65
④ ㉠ 65, ㉡ 140, ㉢ 75

해설 (1) **포소화설비**의 **배관**(NFPC 105 7조, NFTC 105 2.4)
㉠ 급수개폐밸브 : **탬퍼스위치** 설치
㉡ 펌프의 흡입측 배관 : **버터플라이밸브 외**의 개폐표시형 밸브 설치
㉢ 송액관 : **배액밸브** 설치

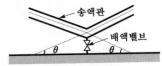

송액관

배액밸브

θ   θ

| 송액관의 기울기 |

㉣ 연결송수관설비의 배관과 겸용

주배관	방수구로 연결되는 배관
구경 **100mm** 이상	구경 **65mm** 이상 보기 ㉠

---

(2) **소화펌프**의 **성능시험 방법** 및 **배관**
㉠ 펌프의 성능은 체절운전시 정격토출압력의 **140%**를 초과하지 않을 것 보기 ㉡
㉡ 정격토출량의 150%로 운전시 정격토출압력의 **65%** 이상이어야 할 것 보기 ㉢
㉢ 성능시험배관은 펌프의 토출측에 설치된 **개폐밸브 이전**에서 분기할 것
㉣ 유량측정장치는 펌프 정격토출량의 **175%** 이상 측정할 수 있는 성능이 있을 것

답 ③

⭐⭐
64 전역방출방식 분말소화설비에서 방호구역의 개구부에 자동폐쇄장치를 설치하지 아니한 경우에 개구부의 면적 1제곱미터에 대한 분말소화약제의 가산량으로 잘못 연결된 것은?

19.09.문65
14.03.문77
13.03.문73

① 제1종 분말－4.5kg
② 제2종 분말－2.7kg
③ 제3종 분말－2.5kg
④ 제4종 분말－1.8kg

해설 ③ 2.5kg → 2.7kg

(1) **분말소화설비**(전역방출방식)

약제 종별	약제량	개구부가산량 (자동폐쇄장치 미설치시)
제1종 분말	0.6kg/m³	4.5kg/m² 보기 ①
제2·3종 분말	0.36kg/m³	**2.7**kg/m² 보기 ②③
제4종 분말	0.24kg/m³	1.8kg/m² 보기 ④

기억법 개2327

(2) **호스릴방식**(분말소화설비)

약제 종별	약제 저장량	약제 방사량
제1종 분말	50kg	45kg/min
제2·3종 분말	30kg	27kg/min
제4종 분말	20kg	18kg/min

기억법 호분418

답 ③

⭐⭐
65 체적 100m³의 면화류창고에 전역방출방식의 이산화탄소 소화설비를 설치하는 경우에 소화약제는 몇 kg 이상 저장하여야 하는가? (단, 방호구역의 개구부에 자동폐쇄장치가 부착되어 있다.)

19.09.문77
16.10.문78
05.03.문75

① 12   ② 27
③ 120   ④ 270

해설 이산화탄소 소화설비 저장량(kg)
= **방**호구역체적[m³]×**약**제량[kg/m³]+**개**구부면적[m²]
×개구부가**산**량(10kg/m²)

> **기억법** **방약+개산**

=100m³×2.7kg/m³
=270kg

이산화탄소 소화설비 심부화재의 약제량 및 개구부가산량			
방호대상물	약제량	개구부 가산량 (자동폐쇄 장치 미설치시)	설계농도
전기설비	1.3kg/m³		
전기설비 (55m³ 미만)	1.6kg/m³		50%
서고, 박물관, 목재가공품창고, 전자제품창고	2.0kg/m³	10kg/m²	65%
석탄창고, 면화류창고, 고무류, 모피창고, 집진설비	2.7kg/m³ →		75%

- 방호구역체적 : 100m³
- 단서에서 개구부에 **자동폐쇄장치**가 **부착**되어 있다고 하였으므로 **개구부면적** 및 **개구부가산량**은 제외
- 면화류창고의 경우 약제량은 **2.7kg/m³**

답 ④

★★ 66 다음 평면도와 같이 반자가 있는 어느 실내에 전등이나 공조용 디퓨져 등의 시설물을 무시하고 수평거리를 2.1m로 하여 스프링클러헤드를 정방형으로 설치하고자 할 때 최소 몇 개의 헤드를 설치해야 하는가? (단, 반자 속에는 헤드를 설치하지 아니하는 것으로 본다.)

19.04.문78
14.03.문67
99.04.문63

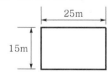

① 24개   ② 42개
③ 54개   ④ 72개

해설 (1) 기호
- R : 2.1m

(2) 정방형 헤드간격

$$S = 2R\cos 45°$$

여기서, S : 헤드간격[m]
R : 수평거리[m]

헤드간격 S는
$$S = 2R\cos 45°$$
$$= 2 \times 2.1m \times \cos 45°$$
$$= 2.97m$$
가로 설치 헤드개수 : 25÷2.97m=9개
세로 설치 헤드개수 : 15÷2.97m=6개
∴ 9×6=54개

답 ③

★★★ 67 소화용수설비의 소화수조가 옥상 또는 옥탑부분에 설치된 경우 지상에 설치된 채수구에서의 압력은 얼마 이상이어야 하는가?

19.03.문64
17.09.문66
17.05.문68
15.03.문77
09.05.문63

① 0.15MPa   ② 0.20MPa
③ 0.25MPa   ④ 0.35MPa

해설 **소화수조 및 저수조의 설치기준**(NFPC 402 4~5조, NFTC 402 2.1.1, 2.2)
(1) 소화수조의 깊이가 **4.5m** 이상일 경우 가압송수장치를 설치할 것
(2) 소화수조는 소방펌프자동차가 채수구로부터 **2m** 이내의 지점까지 접근할 수 있는 위치에 설치할 것
(3) 소화수조가 **옥상** 또는 옥탑부분에 설치된 경우에는 지상에 설치된 채수구에서의 압력 **0.15MPa** 이상 되도록 한다. 보기 ①

> **기억법** **옥15**

> **용어**
>
> **채수구**
> 소방대상물의 펌프에 의하여 양수된 물을 소방차가 흡입하는 구멍

답 ①

★★★ 68 오피스텔에서는 주거용 주방자동소화장치를 설치해야 하는데, 몇 층 이상인 경우 이러한 조치를 취해야 하는가?

19.03.문73
14.09.문80
11.03.문46
09.03.문52

① 6층 이상   ② 20층 이상
③ 25층 이상   ④ 모든 층

해설 **소방시설법 시행령** 〔별표 4〕
소화설비의 설치대상

종 류	설치대상
소화기구	① 연면적 **33m²** 이상(단, **노유자시설**은 투척용 소화용구 등을 산정된 소화기 수량의 $\frac{1}{2}$ 이상으로 설치 가능) ② 문화재 ③ 가스시설 ④ 터널 ⑤ 지하구 ⑥ 전기저장시설
주거용 주방자동소화장치	① 아파트 등(모든 층) ② **오피스텔**(모든 층) 보기 ④

답 ④

★★★ 69

21.05.문64
19.03.문76
17.05.문62
16.10.문69
16.05.문74
11.03.문72

피난기구의 화재안전기준상 노유자시설의 4층 이상 10층 이하에서 적응성이 있는 피난기구가 아닌 것은?

① 피난교
② 다수인 피난장비
③ 승강식 피난기
④ 미끄럼대

해설 피난기구의 **적응성**(NFTC 301 2.1.1)

층별 설치 장소별 구분	1층	2층	3층	4층 이상 10층 이하
노유자시설	•미끄럼대 •구조대 •피난교	•미끄럼대 •구조대 •피난교	•미끄럼대 •구조대 •피난교	•구조대[1] •피난교 → 보기 ①
	•다수인 피난 장비 •승강식 피난기	•다수인 피난 장비 •승강식 피난기	•다수인 피난 장비 •승강식 피난기	•다수인 피난 장비 보기 ② •승강식 피난기 보기 ③
의료시설· 입원실이 있는 의원·접골원 ·조산원	–	–	•미끄럼대 •구조대 •피난교 •피난용 트랩 •다수인 피난 장비 •승강식 피난기	•구조대 •피난교 •피난용 트랩 •다수인 피난 장비 •승강식 피난기
영업장의 위치가 4층 이하인 다중 이용업소	–	•미끄럼대 •피난사다리 •구조대 •완강기 •다수인 피난 장비 •승강식 피난기	•미끄럼대 •피난사다리 •구조대 •완강기 •다수인 피난 장비 •승강식 피난기	•미끄럼대 •피난사다리 •구조대 •완강기 •다수인 피난 장비 •승강식 피난기
그 밖의 것 (근린생활시 설 사무실 등)	–	–	•미끄럼대 •피난사다리 •구조대 •완강기 •피난교 •피난용 트랩 •간이완강기[2] •공기안전매트[2] •다수인 피난 장비 •승강식 피난기	•피난사다리 •구조대 •완강기 •간이완강기[2] •공기안전매트[2] •다수인 피난 장비 •승강식 피난기

[비고] 1) 구조대의 적응성은 장애인 관련 시설로서 주된 사용자 중 **스스로 피난**이 불가한 자가 있는 경우 추가로 설치하는 경우에 한한다.
2) **간이완강기**의 적응성은 **숙박시설**의 **3층 이상**에 있는 객실에 공기안전매트의 적응성은 공동주택에 추가로 설치하는 경우에 한한다.

답 ④

★★★ 70

20.06.문72
19.09.문63
18.04.문64
16.10.문77
15.09.문77
11.03.문68

소화수조 및 저수조의 화재안전기준에 따라 소화용수설비에 설치하는 채수구의 수는 소요수량이 40m³ 이상 100m³ 미만인 경우 몇 개를 설치해야 하는가?

① 1
② 2
③ 3
④ 4

해설 **채수구**의 수(NFPC 402 4조, NFTC 402 2.1.3.2.1)

소화수조 소요수량	20~40m³ 미만	40~100m³ 미만	100m³ 이상
채수구의 수	1개	2개 보기 ②	3개

용어

채수구
소방대상물의 펌프에 의하여 양수된 물을 소방차가 흡입하는 구멍

비교

흡수관 투입구

소요수량	80m³ 미만	80m³ 이상
흡수관 투입구의 수	**1개** 이상	**2개** 이상

답 ②

★★★ 71

22.04.문70
18.09.문67
16.05.문67
13.06.문62

포소화설비의 화재안전기준상 특수가연물을 저장·취급하는 공장 또는 창고에 적응성이 없는 포소화설비는?

① 고정포방출설비
② 포소화전설비
③ 압축공기포소화설비
④ 포워터 스프링클러설비

해설 **포소화설비**의 적응대상

특정소방대상물	설비 종류
•차고·주차장 •항공기 격납고 •공장·창고(특수가연물 저장·취급)	•포워터 스프링클러설비 보기 ④ •포헤드설비 •고정포방출설비 보기 ① •압축공기포소화설비 보기 ③
•완전개방된 옥상주차장(주된 벽이 없고 기둥뿐이거나 주위가 위해방지용 철주 등으로 둘러싸인 부분) •**지상 1층**으로서 지붕이 없는 차고·주차장 •고가 밑의 주차장(주된 벽이 없고 기둥뿐이거나 주위가 위해방지용 철주 등으로 둘러싸인 부분)	•호스릴포소화설비 •포소화전설비
•발전기실 •엔진펌프실 •변압기 •전기케이블실 •유압설비	•고정식 압축공기포소화설비(바닥면적 합계 **300m²** 미만)

답 ②

★★★ 72

22.04.문74
21.05.문74
16.03.문64
15.09.문76
15.05.문80
12.05.문64

포소화설비에서 펌프의 토출관에 압입기를 설치하여 포소화약제 압입용 펌프로 포소화약제를 압입시켜 혼합하는 방식은?

① 라인 프로포셔너
② 펌프 프로포셔너
③ 프레져 프로포셔너
④ 프레져사이드 프로포셔너

해설 포소화약제의 혼합장치

(1) **펌프 프로포셔너방식(펌프 혼합방식)**
  ㉠ 펌프 토출측과 흡입측에 바이패스를 설치하고, 그 바이패스의 도중에 설치한 어댑터(Adaptor)로 펌프 토출측 수량의 일부를 통과시켜 공기포 용액을 만드는 방식
  ㉡ 펌프의 **토출관**과 **흡입관** 사이의 배관 도중에 설치한 흡입기에 펌프에서 토출된 물의 일부를 보내고 **농도 조정밸브**에서 조정된 포소화약제의 필요량을 포소화약제 탱크에서 펌프 흡입측으로 보내어 약제를 혼합하는 방식

기억법 펌농

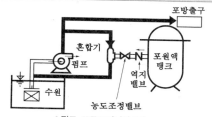

∥ 펌프 프로포셔너방식 ∥

(2) **프레져 프로포셔너방식(차압 혼합방식)**
  ㉠ 가압송수관 도중에 공기포 소화원액 혼합조(P.P.T)와 혼합기를 접속하여 사용하는 방법
  ㉡ **격막방식 휨탱크**를 사용하는 에어휨 혼합방식
  ㉢ 펌프와 발포기의 중간에 설치된 벤투리관의 **벤투리작용**과 펌프 가압수의 **포소화약제 저장탱크**에 대한 압력에 의하여 포소화약제를 흡입·혼합하는 방식

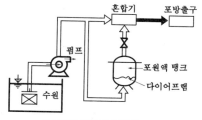

∥ 프레져 프로포셔너방식 ∥

(3) **라인 프로포셔너방식(관로 혼합방식)**
  ㉠ 급수관의 배관 도중에 포소화약제 흡입기를 설치하여 그 흡입관에서 소화약제를 흡입하여 혼합하는 방식
  ㉡ 펌프와 발포기의 중간에 설치된 **벤**투리관의 **벤투리작용**에 의하여 포소화약제를 흡입·혼합하는 방식

기억법 라벤벤

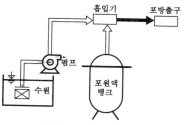

∥ 라인 프로포셔너방식 ∥

(4) **프레져사이드 프로포셔너방식(압입 혼합방식)**
  보기 ④
  ㉠ 소화원액 가압펌프(압입용 펌프)를 별도로 사용하는 방식
  ㉡ 펌프 **토출관**에 압입기를 설치하여 포소화약제 **압입용 펌프**로 포소화약제를 압입시켜 혼합하는 방식

기억법 프사압

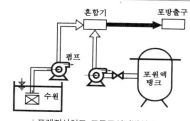

∥ 프레져사이드 프로포셔너방식 ∥

(5) **압축공기포 믹싱챔버방식**
  포수용액에 공기를 강제로 주입시켜 **원거리 방수**가 가능하고 물 사용량을 줄여 **수손피해**를 **최소화**할 수 있는 방식

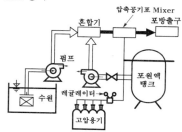

∥ 압축공기포 믹싱챔버방식 ∥

답 ④

★★★ 73

22.04.문80
20.08.문76
19.09.문72
14.05.문69
13.06.문76
13.03.문63

제연설비의 화재안전기준상 제연설비 설치장소의 제연구역 구획기준으로 틀린 것은?

① 하나의 제연구역의 면적은 $1000m^2$ 이내로 할 것
② 하나의 제연구역은 직경 60m 원 내에 들어갈 수 있을 것
③ 하나의 제연구역은 3개 이상 층에 미치지 아니하도록 할 것
④ 통로상의 제연구역은 보행중심선의 길이가 60m를 초과하지 아니할 것

해설 ③ 3개 이상 → 2개 이상

제연구역의 **구획**
(1) 1제연구역의 면적은 **1000m²** 이내로 할 것 보기 ①
(2) 거실과 통로는 **상호제연** 구획할 것
(3) 통로상의 제연구역은 보행중심선의 길이가 **60m**를 초과하지 않을 것 보기 ④
(4) 1제연구역은 직경 **60m** 원 내에 들어갈 것 보기 ②
(5) 1제연구역은 **2개** 이상의 층에 미치지 않을 것 보기 ③

기억법 제10006(충북 **제천**에 **육**교 있음)
2개제(이게 제목이야!)

답 ③

74 스프링클러설비의 화재안전기준상 스프링클러

22.03.문76
18.04.문71
11.10.문70

헤드 설치시 살수가 방해되지 아니하도록 벽과 스프링클러헤드 간의 공간은 최소 몇 cm 이상으로 하여야 하는가?
① 60
② 30
③ 20
④ 10

해설 **스프링클러헤드**

거리	적용
10cm 이상 보기 ④	**벽**과 스프링클러헤드 간의 공간
60cm 이상	**스프링클러헤드**의 공간  ┃ 헤드 반경 ┃
30cm 이하	스프링클러헤드와 **부착면**과의 거리 ┃ 헤드와 부착면과의 이격거리 ┃

답 ④

75 옥내소화전설비의 화재안전기준에 따라 옥내소화

21.09.문64

전설비의 표시등 설치기준으로 옳은 것은?
① 가압송수장치의 기동을 표시하는 표시등은 옥내소화전함의 상부 또는 그 직근에 설치한다.

② 가압송수장치의 기동을 표시하는 표시등은 녹색등으로 한다.
③ 자체소방대를 구성하여 운영하는 경우 가압송수장치의 기동표시등을 반드시 설치해야 한다.
④ 옥내소화전설비의 위치를 표시하는 표시등은 함의 하부에 설치하되, 「표시등의 성능인증 및 제품검사의 기술기준」에 적합한 것으로 한다.

해설 ② 녹색등 → 적색등
③ 반드시 설치해야 한다 → 설치하지 않을 수 있다
④ 하부 → 상부

옥내소화전설비의 **표시등 설치기준**(NFPC 102 7조, NFTC 102 2.4.3)
(1) 옥내소화전설비의 위치를 표시하는 **표시등**은 함의 **상부**에 설치하되, 소방청장이 고시하는 「표시등의 성능인증 및 제품검사의 기술기준」에 적합한 것으로 할 것 보기 ④
(2) 가압송수장치의 기동을 표시하는 **표시등**은 옥내소화전함의 **상부** 또는 그 직근에 설치하되 **적색등**으로 할 것(단, **자체소방대**를 구성하여 운영하는 경우(「위험물안전관리법 시행령」 [별표 8]에서 정한 소방자동차와 자체소방대원의 규모) **가압송수장치**의 **기동표시등**을 설치하지 않을 수 있다) 보기 ①②③

답 ①

76 상수도 소화용수설비의 화재안전기준에 따른 설

21.09.문67
19.09.문66
19.04.문74
19.03.문69
17.03.문64
14.03.문63
07.03.문70

치기준 중 다음 (   ) 안에 알맞은 것은?

호칭지름 (㉠)mm 이상의 수도배관에 호칭지름 (㉡)mm 이상의 소화전을 접속하여야 하며, 소화전은 특정소방대상물의 수평투영면의 각 부분으로부터 (㉢)m 이하가 되도록 설치할 것

① ㉠ 65, ㉡ 80, ㉢ 120
② ㉠ 65, ㉡ 100, ㉢ 140
③ ㉠ 75, ㉡ 80, ㉢ 120
④ ㉠ 75, ㉡ 100, ㉢ 140

해설 **상수도 소화용수설비의 기준**(NFPC 401 4조, NFTC 401 2.1)
(1) 호칭지름

수도배관	소화전
75mm 이상 보기 ㉠	**100mm** 이상 보기 ㉡

(2) 소화전은 소방자동차 등의 진입이 쉬운 **도로변** 또는 **공지**에 설치하여야 한다.

(3) 소화전은 특정소방대상물의 수평투영면의 각 부분으로부터 140m 이하가 되도록 설치하여야 한다.
보기 ©

기억법 수75(**수**지침으로 **치료**), 소1(**소일**거리)

답 ④

77 피난기구의 화재안전기준상 승강식 피난기 및 하향식 피난구용 내림식 사다리 설치시 2세대 이상일 경우 대피실의 면적은 최소 몇 m² 이상인가?
09.04.문76
16.03.문74
13.03.문70

① 3m² 이상
② 1m² 이상
③ 1.2m² 이상
④ 2m² 이상

해설 **승강식 피난기 및 하향식 피난구용 내림식 사다리**의 **설치기준**(NFPC 301 5조, NFTC 301 2.1.3.9)
(1) 대피실의 면적은 **2m²**(2세대 이상일 경우에는 **3m²**) 이상으로 하고, 건축법 시행령 제46조 제4항의 규정에 적합하여야 하며 하강구(개구부) 규격은 직경 **60cm** 이상일 것(단, 외기와 개방된 장소에는 제외)
보기 ①
(2) 하강구 내측에는 기구의 연결금속구 등이 없어야 하며 전개된 피난기구는 하강구 수평투영면적 공간 내의 범위를 침범하지 않는 구조이어야 할 것(단, 직경 **60cm** 크기의 범위를 벗어난 경우이거나, 직하층의 바닥면으로부터 높이 **50cm** 이하의 범위는 제외)
(3) 착지점과 하강구는 상호 수평거리 **15cm** 이상의 간격을 둘 것

답 ①

78 연소방지설비 헤드의 설치기준 중 살수구역은 환기구 등을 기준으로 환기구 사이의 간격으로 몇 m 이내마다 1개 이상 설치하여야 하는가?
10.09.문67
17.03.문73

① 150
② 200
③ 350
④ 700

해설 **연소방지설비 헤드**의 **설치기준**(NFPC 605 8조, NFTC 605 2.4.2)
(1) **천장** 또는 **벽면**에 설치하여야 한다.
(2) 헤드 간의 수평거리

스프링클러헤드	연소방지설비 전용헤드
1.5m 이하	**2m** 이하

(3) 소방대원의 출입이 가능한 환기구·작업구마다 지하구의 양쪽 방향으로 살수헤드를 설정하되, 한쪽 방향의 살수구역의 길이는 **3m** 이상으로 할 것(단, 환기구 사이의 간격이 **700m**를 초과할 경우에는 700m 이내마다 살수구역을 설정하되, 지하구의 구조를 고려하여 방화벽을 설치한 경우에는 제외) 보기 ④

기억법 **연방70**

비교

연결살수설비 헤드간 수평거리	
스프링클러헤드	연결살수설비 전용헤드
2.3m 이하	3.7m 이하

답 ④

79 구조대의 형식승인 및 제품검사의 기술기준에 따른 경사강하식 구조대의 구조에 대한 설명으로 틀린 것은?
22.03.문72
20.09.문68
17.09.문63
16.03.문67
14.05.문70
09.08.문78

① 구조대 본체는 강하방향으로 봉합부가 설치되어야 한다.
② 연속하여 활강할 수 있는 구조로 안전하고 쉽게 사용할 수 있어야 한다.
③ 땅에 닿을 때 충격을 받는 부분에는 완충장치로서 받침포 등을 부착하여야 한다.
④ 입구틀 및 고정틀의 입구는 지름 60cm 이상의 구체가 통과할 수 있어야 한다.

해설 ① 설치되어야 한다. → 설치 금지

경사강하식 구조대의 기준(구조대 형식 3조)
(1) 구조대 본체는 **강하방향**으로 **봉합부 설치 금지** 보기 ①
(2) 손잡이는 출구 부근에 좌우 각 **3개** 이상 균일한 간격으로 견고하게 부착
(3) 구조대 본체의 끝부분에는 길이 **4m** 이상, 지름 **4mm** 이상의 유도선을 부착하여야 하며, 유도선 끝에는 중량 **3N**(300g) 이상의 모래주머니 등 설치
(4) 본체의 포지는 **하부지지장치**에 인장력이 균등하게 걸리도록 부착하여야 하며 하부지지장치는 쉽게 조작 가능
(5) 입구틀 및 고정틀의 입구는 지름 **60cm** 이상의 구체가 통과할 수 있을 것 보기 ④
(6) 구조대 본체의 활강부는 낙하방지를 위해 포를 **2중구조**로 하거나 망목의 변의 길이가 **8cm** 이하인 망 설치(단, 구조상 낙하방지의 성능을 갖고 있는 구조대의 경우는 제외)
(7) **연속**하여 **활강**할 수 있는 구조로 안전하고 쉽게 사용할 수 있을 것 보기 ②
(8) 땅에 닿을 때 충격을 받는 부분에는 **완충장치**로서 **받침포** 등 부착 보기 ③

경사강하식 구조대

답 ①

★★★
80 물분무소화설비의 화재안전기준에 따른 물분무소
화설비의 저수량에 대한 기준 중 다음 (　) 안의
내용으로 맞는 것은?

20.06.문61
19.04.문75
17.03.문77
16.03.문63
15.09.문74

> 절연유 봉입변압기는 바닥부분을 제외한 표면
> 적을 합한 면적 1m^{2}에 대하여 (　　)L/min로
> 20분간 방수할 수 있는 양 이상으로 할 것

① 4　　　　　　② 8

③ 10　　　　　　④ 12

해설 **물분무소화설비**의 **수원**(NFPC 104 4조, NFTC 104 2.1.1)

특정소방대상물	토출량	비 고
컨베이어벨트	10L/min · m^2	벨트부분의 바닥면적
절연유 봉입변압기	10L/min · m^2 보기 ③	표면적을 합한 면적(바닥면적 제외)
특수가연물	10L/min · m^2 (최소 50m^2)	최대방수구역의 바닥면적 기준
케이블트레이 · 덕트	12L/min · m^2	투영된 바닥면적
차고 · 주차장	20L/min · m^2 (최소 50m^2)	최대방수구역의 바닥면적 기준
위험물 저장탱크	37L/min · m	위험물탱크 둘레길이(원주길이) : 위험물규칙 [별표 6] Ⅱ

※ 모두 **20분**간 방수할 수 있는 양 이상으로 하여
야 한다.

기억법	컨	0
	절	0
	특	0
	케	2
	차	0
	위	37

답 ③

" 공하성 교수의 노하우와 함께 소방자격시험 완전정복! "

22년 연속 판매 1위! 한 번에 합격시켜 주는 명품교재!

성안당 소방시리즈

소방설비기사		소방설비산업기사		소방시설관리사
전기분야 (필기, 실기)	기계분야 (필기, 실기)	전기분야 (필기, 실기)	기계분야 (필기, 실기)	제1차, 제2차

2024 최신개정판

1개년 과년도 **소방설비기사** 기계①-1 **필기**

2024. 1. 3. 초판 1쇄 인쇄
2024. 1. 10. 초판 1쇄 발행

24ADI가HI-1
461

지은이 | 공하성
펴낸이 | 이종춘
펴낸곳 | **BM** ㈜도서출판 **성안당**

주소 | 04032 서울시 마포구 양화로 127 첨단빌딩 3층(출판기획 R&D 센터)
　　　10881 경기도 파주시 문발로 112 파주 출판 문화도시(제작 및 물류)

전화 | 02) 3142-0036
　　　031) 950-6300
팩스 | 031) 955-0510
등록 | 1973. 2. 1. 제406-2005-000046호
출판사 홈페이지 | **www.cyber.co.kr**
ISBN | 978-89-315-2882-4 (13530)
정가 | **9,900원**(해설가리개 포함)

이 책을 만든 사람들

기획 | 최옥현
진행 | 박경희
교정·교열 | 김혜린, 최주연
전산편집 | 이지연
표지 디자인 | 박현정
홍보 | 김계향, 유미나, 정단비, 김주승
국제부 | 이선민, 조혜란
마케팅 | 구본철, 차정욱, 오영일, 나진호, 강호묵
마케팅 지원 | 장상범
제작 | 김유석

www.cyber.co.kr
성안당 Web 사이트